Rami Alkhatib

Conception et Caractérisation d'Antennes Millimétriques

Rami Alkhatib

Conception et Caractérisation d'Antennes Millimétriques

Concepts et Technologies pour l'Accroissement de la Directivité

Presses Académiques Francophones

Impressum / Mentions légales
Bibliografische Information der Deutschen Nationalbibliothek: Die Deutsche Nationalbibliothek verzeichnet diese Publikation in der Deutschen Nationalbibliografie; detaillierte bibliografische Daten sind im Internet über http://dnb.d-nb.de abrufbar.
Alle in diesem Buch genannten Marken und Produktnamen unterliegen warenzeichen-, marken- oder patentrechtlichem Schutz bzw. sind Warenzeichen oder eingetragene Warenzeichen der jeweiligen Inhaber. Die Wiedergabe von Marken, Produktnamen, Gebrauchsnamen, Handelsnamen, Warenbezeichnungen u.s.w. in diesem Werk berechtigt auch ohne besondere Kennzeichnung nicht zu der Annahme, dass solche Namen im Sinne der Warenzeichen- und Markenschutzgesetzgebung als frei zu betrachten wären und daher von jedermann benutzt werden dürften.

Information bibliographique publiée par la Deutsche Nationalbibliothek: La Deutsche Nationalbibliothek inscrit cette publication à la Deutsche Nationalbibliografie; des données bibliographiques détaillées sont disponibles sur internet à l'adresse http://dnb.d-nb.de.
Toutes marques et noms de produits mentionnés dans ce livre demeurent sous la protection des marques, des marques déposées et des brevets, et sont des marques ou des marques déposées de leurs détenteurs respectifs. L'utilisation des marques, noms de produits, noms communs, noms commerciaux, descriptions de produits, etc, même sans qu'ils soient mentionnés de façon particulière dans ce livre ne signifie en aucune façon que ces noms peuvent être utilisés sans restriction à l'égard de la législation pour la protection des marques et des marques déposées et pourraient donc être utilisés par quiconque.

Coverbild / Photo de couverture: www.ingimage.com

Verlag / Editeur:
Presses Académiques Francophones
ist ein Imprint der / est une marque déposée de
OmniScriptum GmbH & Co. KG
Heinrich-Böcking-Str. 6-8, 66121 Saarbrücken, Deutschland / Allemagne
Email: info@presses-academiques.com

Herstellung: siehe letzte Seite /
Impression: voir la dernière page
ISBN: 978-3-8381-4870-0

Zugl. / Agréé par: Rennes, Institut National des Sciences Appliquées de Rennes (INSA de Rennes), 2007.

Copyright / Droit d'auteur © 2014 OmniScriptum GmbH & Co. KG
Alle Rechte vorbehalten. / Tous droits réservés. Saarbrücken 2014

A mes parents et mon frère

A mon épouse et mes enfants

Remerciements

Ce travail de thèse a été mené au sein du groupe Antennes et Hyperfréquences du l'Institut d'Electronique et de Télécommunications de Rennes, à l'INSA de Rennes. A ce titre, je tiens vivement à remercier les responsables D. Thouroude, Directeur de l'IETR, et Ghais El Zein Directeur adjoint, pour m'avoir accueilli dans leur structure pendant le déroulement de la thèse.

J'adresse mes plus profondes remerciements à Monsieur M. Drissi, Professeur à l'INSA de Rennes, d'avoir accepter de m'encadrer en thèse. Je l'en remercie également pour le soutien et l'aide qu'il a toujours su m'apporter.

J'exprime ma profonde gratitude à Monsieur V. Fouad Hanna, Professeur à l'Université de Paris VI, pour avoir accepté de présider le jury de thèse.
Que Messieurs C. Person et H. Aubert trouvent ici ma sincère reconnaissance pour avoir accepté de juger ce travail et d'en être les rapporteurs.

Je remercie également Messieurs Ali Louzir, Ingénieur de recherche et responsable du groupe antennes chez Thomson R&D, et R. Sauleau, Maître de conférence (HDR) à l'Université de Rennes 1, qui ont bien voulu s'y associer par l'examen de ce travail.

Ma reconnaissance va de même à Monsieur E. FOURN, Maître de conférence à l'INSA de Rennes, ainsi que Monsieur E. Marzolf, Chercheur à l'INSA de Rennes, pour m'avoir aidé dans l'avancement de mes travaux de recherche.

Je tiens aussi à exprimer mes remerciements envers Monsieur M. Caubet, Responsable du Centre Commun de Mécanique de l'INSA de Rennes, ainsi à tous les membres de ce centre. Ils m'ont précieusement aidé dans la réalisation des dispositifs et des maquettes conçus pendant mes travaux de thèse.

Je remercie également Messieurs J. M. Floc'h et L. Le Coq pour leur disponibilité et leur aide concernant les mesures expérimentales des structures réalisées. Je suis aussi reconnaissant à Monsieur B. Khamchane pour m'avoir aider à surmonter tous les soucis liés à l'informatique, et à Madame J. Lejas, technicienne à l'INSA de Rennes, pour les réalisations des maquettes qu'elle a effectuées en mon nom.

Je tiens aussi à remercier tous les membres du laboratoire que j'ai côtoyés pendant tout ce temps pour leur gentillesse et leur ambiance chaleureuse.

Enfin, je dédie cette thèse à mes parents, mon frère et à mon épouse, pour leur soutien et encouragement.

Table des matières

Introduction générale — 1

CHAPITRE I Systèmes de télécommunication aux fréquences millimétriques : exigences et solutions technologiques — 7

I. Introduction — 9

II. La bande millimétrique — 9

III. Le standard LMDS — 12

    III.1. Les caractéristiques du LMDS — 13

    III.2. La distribution par faisceaux hertziens — 14

IV. Les liaisons par faisceaux hertziens à 39GHz — 16

V. Les systèmes de communication multimédia entre une — 17

    constellation de satellites en orbite basse

VI. Les structures antennaires — 18

    VI.1. Les substrats diélectriques — 18

    VI.2. Les paramètres des antennes — 19

        VI.2.1. Le diagramme de rayonnement — 20

        VI.2.2. La directivité — 20

        VI.2.3. Le gain de l'antenne — 21

        VI.2.4. Le rendement de l'antenne — 21

        VI.2.5. La polarisation de l'antenne — 22

        VI.2.6. L' impédance d'entrée — 22

        VI.2.7. La température équivalente de bruit — 23

    VI.3. Antennes directives — 23

VI.3.1. Les paraboles	24
VI.3.2. Les antennes lentilles	26
VI.3.3. Les réseaux d'antennes planaires	28
VI.3.4. Les antennes à bande interdite électromagnétique	30

VI.4. Comparaison technologique — 32

VII. Conclusion — 33

Bibliographie — 35

Chapitre II   Outils de modélisation et de mesure   39

I. Introduction — 41

II. Modélisation des problèmes électromagnétiques — 41

    II.1. Equations de Maxwell — 42

    II.2. Relations constitutives du milieu — 43

    II.3. Conditions aux limites — 43

    II.4. Zones du champ rayonné — 44

III. Méthode de résolution électromagnétiques — 45

    III.1. La méthode des différences finies — 45

    III.2 La méthode des moments — 46

    III.3 La méthode des éléments finis — 47

IV. Moyens de mesure — 54

    IV.1. Analyseur de réseau — 54

    IV.2. La chambre anéchoïde — 55

V. Conclusion — 58

Bibliographie — 59

Chapitre III   Sources élémentaires   61

I. Introduction   63

II. Les sources résonantes   63

    II.1 Les antennes microrubans   63

    II.2 Les fentes rayonnantes   64

III. Techniques d'alimentation   65

IV. Conception d'antenne fente alimentée par guide d'ondes   67

V. Performances et caractéristiques   70

    VI.1 Adaptation et bande passante   70

    VI.2 Caractéristiques de rayonnement   74

VI. Conclusion   78

Bibliographie   79

Chapitre IV   Antennes lentilles : Etude et conception   81

I. Introduction   83

II. Les antennes lentilles   83

III. Types de configurations de lentilles   84

    III.1. Classement par indice de réfraction   84

    III.2. Classement par nombre de source d'alimentation   86

    III.3. Classement par la géométrie de l'ouverture   88

IV. Configuration des lentilles étudiées   88

    IV.1. Géométrie de la lentille étudiée   89

    IV.2. Méthodologie de la conception   90

V. Principe de l'architecture   91

V.1. Paramètre de la conception	91
V.2. Lentille simple à surface analytique	93
VI. Conception de l'antenne lentille	96
VII. Performances et caractéristiques	101
VII.1 Adaptation et bande passante	101
VII.2 Caractéristiques de rayonnement	102
VIII. Conclusion	108
Bibliographie	110

Chapitre V   Antennes BIE : Etude et conception   113

I. Introduction	115
II. Comportement électromagnétique des structures BIE	116
III. Principe de fonctionnement des antennes BIE étudiées	118
IV. Antenne BIE multicouches à défaut	119
IV.1 Structure de l'antenne	119
IV.2 Alimentation de l'antenne	119
IV.2.1 Adaptation et bande passante	121
IV.2.2 Caractéristiques de rayonnement	121
IV.3 La cavité résonnante de la structure BIE	122
V. Conception de l'antenne BIE	124
VI. Performances et caractéristiques	127
VI.1 Adaptation et bande passante	127
VI.2 Caractéristiques de rayonnement	128
VII. Antenne BIE à bande élargie	134

VIII. Performances et caractéristiques 136

    VIII.1 Adaptation et bande passante 136

    VIII.2 Caractéristiques de rayonnement 137

IX. Conclusion 140

Bibliographie 141

Conclusion générale 143

Annexe I   **La théorie des ouvertures** 147

Annexe II   **Les techniques d'alimentations** 153

Annexe III   **Les guides d'ondes métalliques** 157

Publications Personnelles 165

Introduction générale

Introduction générale

La croissance rapide des besoins des systèmes de communications de proximité à haut débit, et plus particulièrement les systèmes point à point ou point à multipoint, a créé une importante demande de développement dans le domaine des ondes millimétriques. En outre, cette bande de fréquences intéresse de plus en plus les télécommunications spatiales.

Dans ces systèmes, l'antenne représente un élément essentiel et incontournable de part son rôle d'interface entre les équipements de transmission ou de réception d'un côté, et le milieu de propagation de l'autre. Les performances de l'antenne ont un effet direct sur le fonctionnement global du système de télécommunication, ce qui explique les efforts dépensés pour minimiser leurs pertes. Les exigences de ces systèmes de télécommunications concernent aussi les gabarits des diagrammes de rayonnement, à cause de leur influence sur les caractéristiques du canal de propagation.

Les travaux de recherche menés dans le cadre de cette thèse portent sur la modélisation, la conception et la caractérisation d'antennes pour des applications en bande millimétrique. Ils s'inscrivent dans le cadre du développement et de la conception d'antennes millimétriques directives pour applications large bande et à fort gain. Au cours de ces travaux, nous avons également cherché à répondre aux exigences faibles coûts des cahiers des charges, en particulier pour les applications grand public.

Les applications visées au cours de cette étude sont :
- Le système LMDS qui est un service de communication basé sur des liaisons hertziennes de proximité et qui occupe deux bandes de fréquences :
    - La bande 27,5 – 29,5 GHz aux Etats Unis.
    - La bande 40,5 – 42,5 GHz en Europe.

- Les systèmes de communication multimédia (internet à grande vitesse, visiophone,…) par une constellation de satellites en orbite basse. Ces systèmes permettent l'accès du plus grand nombre aux services multimédia interactifs en utilisant la bande K/Ka (18 à 30 GHz).

- Le système de communication point à point ou point à multipoint par faisceaux hertziens autour de la fréquence de 39 GHz et qui représente une bande de fréquences consacrée à plusieurs types d'applications.

Le mémoire de cette thèse s'articule autour de cinq chapitres.

Le premier chapitre est consacré à la présentation des exigences des systèmes de télécommunication cités précédemment et aux solutions technologiques qui peuvent y répondre. Un rappel des données de la bande millimétrique et des principaux paramètres des antennes sont présentés. Ensuite, une étude comparative des différents systèmes directifs est menée en essayant de montrer les avantages et les inconvénients de chaque système.

Le second chapitre est dédié à la description des outils de modélisation et de mesure. Les équations fondamentales de Maxwell et les différents outils de résolutions sont rappelés. L'accent est mis sur la méthode des éléments finis, sur laquelle est basé le simulateur électromagnétique employé pour la modélisation et l'optimisation des antennes conçues. Les outils de mesures utilisés pour la caractérisation des antennes sont présentés à la fin de ce chapitre.

Dans le troisième chapitre, nous présentons brièvement les sources résonnantes utilisées pour l'excitation des antennes, principalement les fentes rayonnantes et les patchs. Les différentes techniques d'alimentations employées sont également présentées. Ensuite, nous discuterons de la conception d'antennes fentes planaires alimentées par guides d'ondes. L'optimisation de ces antennes a été réalisée pour deux bandes de fréquences : la bande 27 – 43 GHz, qui couvre les deux applications LMDS (US et EU) et le système de liaison par faisceau hertzien, et la bande 18 – 30 GHz pour l'application de communication multimédia par une constellation de satellites en orbite basse.

Dans le quatrième chapitre, nous présentons les travaux concernant la modélisation des lentilles diélectriques hémisphériques étendues, utilisées pour la conception d'antennes directives. Nous commencerons par exposer les principales configurations de lentilles afin de justifier notre choix, puis présenterons les solutions retenues. Ces derniers sont en fait le fruit de l'association de deux technologies : la technologie des guides d'ondes, présentée dans le troisième chapitre et celle des lentilles diélectriques. En effet, les antennes fentes alimentées par guides d'ondes sont utilisées comme source primaire illuminant les lentille diélectriques. Les antennes lentilles ont été optimisées dans les deux bandes fréquentielles 27 – 43 GHz et 18 – 30 GHz, ces bandes correspondant aux applications mentionnées précédemment.

Le cinquième et dernier chapitre est dédié à la conception des antennes BIE (Bande Interdite Electromagnétique). Après une étude du comportement électromagnétique et du principe de fonctionnement des structures BIE, nous présenterons des structures BIE multicouches éclairées par le même type de sources élémentaires que précédemment. Les antennes étudiées sont optimisées pour un fonctionnement à la fréquence de 39 GHz. Les applications visées sont les systèmes de télécommunication point à point par liaison directe. Ceux–ci exigent des antennes très directives, ce qui justifie notre choix technologique. Une nouvelle configuration d'antennes BIE avec une bande passante élargie et une efficacité améliorée sera présentée à la fin de ce chapitre.

Ce mémoire se termine par une conclusion générale sur les travaux présentés et les perspectives possibles pour des développements futurs.

Introduction générale

Chapitre I
Systèmes de télécommunication aux fréquences millimétriques : exigences et solutions technologiques

Chapitre I : Systèmes de télécommunication aux fréquences millimétriques : exigences et solutions technologiques

Chapitre I : Systèmes de télécommunication aux fréquences millimétriques : exigences et solutions technologiques

I. Introduction

Ce premier chapitre est consacré à la présentation des exigences des systèmes de télécommunication dans la bande de fréquences millimétriques, en rappelant les caractéristiques de propagation dans cette bande. Le cas du standard LMDS (Local Multipoint Distribution Service) et des liaisons par faisceaux hertziens seront alors évoqués.

Pour pouvoir répondre aux gabarits exigés par ces systèmes de télécommunication, une brève présentation des caractéristiques des matériaux choisis pour la conception dans le domaine millimétrique et un rappel sur les principaux paramètres des antennes seront effectués.

Puis une étude comparative des différents types d'antennes directives sera menée en montrant les avantages et les inconvénients de chacun en fonction des contraintes proposées.

II. La bande millimétrique

Depuis quelques années, les systèmes de télécommunication connaissent une croissance sans précédent et la quantité des offres proposées a conduit à la modification des types de supports de l'information. La propagation des signaux par faisceaux hertziens représente une solution économique intéressante grâce au déploiement rapide du système de communication. En effet, seules quelques stations de base suffisent pour remplacer une grande quantité de supports de transmission comme les lignes de cuivre (coût quatre fois plus cher qu'il y a quatre ans [I.1]), les fibres optiques et les câbles coaxiaux.

Cependant, cette croissance conduit aussi à une diminution des bandes de fréquences disponibles et ceci d'autant plus rapidement que les services offerts deviennent interactifs (multimédia, internet, ….). Seule l'utilisation de fréquences encore peu ou pas exploitées permet de résoudre ce dilemme.

La bande centimétrique (300 MHz – 30 GHz), étant fortement saturée, il est nécessaire de se tourner vers la bande millimétrique (30 – 300 GHz) encore peu utilisée.

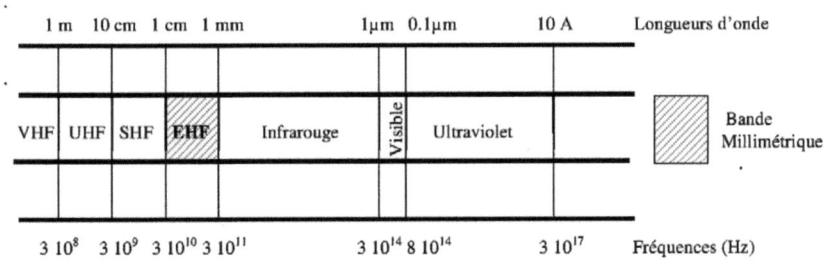

Figure I.1 : Spectre radioélectrique

Le Comité Européen des Radiocommunications (ERC) et la Conférence Européenne des Postes et Télécommunications (CEPT) sont les organismes qui gèrent les allocations des bandes de fréquences dans les différents pays européens [I.2].

La bande millimétrique offre les avantages suivants [I.3] :

– La réduction des longueurs d'onde implique une diminution de la taille et du poids des composants particulièrement recherchés pour des applications embarquées sur les mobiles : terminaux, véhicules, missiles, avions, satellites, ….

– Les fréquences millimétriques sont situées en dehors de la bande de fréquences des brouilleurs classiques.

– Les caractéristiques de propagation dont les pertes et les atténuations atmosphériques sont relativement faibles comparées à d'autres bandes de fréquences comme les fréquences optiques par exemple.

– La bande millimétrique présente un choix intéressant aux applications haut débit.

Cependant, les principaux inconvénients dus aux caractéristiques de la bande millimétrique sont :

Chapitre I : Systèmes de télécommunication aux fréquences millimétriques : exigences et solutions technologiques

- Des difficultés technologiques dues à la nécessitée d'une haute précision de fabrication engendrant une importante augmentation du coût.
- La portée millimétrique est difficile très limitée. En effet, l'atténuation due à une atmosphère contenant habituellement 7,5 g d'eau/m^3 est de 0,14 dB par Km à 35 GHz par exemple.
- Pour l'utilisation dans le domaine des très fortes puissances, la technologie millimétrique est confrontée à des problèmes essentiellement liés à la dissipation thermique.

Les applications millimétriques sont de plus en plus nombreuses dans le domaine civil et militaire. On peut cependant déterminer deux bandes de fréquences principalement utilisées aujourd'hui :

- La bande 26,5 – 50 GHz : cette bande permet d'obtenir des performances de liaison intéressantes, discrète et plus résistante aux brouilleurs.

- La bande autour de 60 GHz : pour cette fréquence l'atténuation des ondes dans l'atmosphère est maximale. Ce qui rend les performances des liaisons très dégradées ; par contre, cette bande offre une grande discrétion des communications et une possibilité de réutilisation des fréquences. Elle est ainsi idéale pour les applications indoor.

Trois applications seront présentées dans ce chapitre :

- Le premier standard de communication étudié est le LMDS. Le LMDS est un service de communication basé sur des liaisons hertziennes de proximité où la distance entre les stations de base et les multiples récepteurs d'abonnés est inférieure à 5 Km, avec une couverture des zones concernées de type cellulaire.
  Le LMDS occupe deux bandes de fréquences :
  ▫ La bande 27,5 – 29,5 GHz aux Etats Unis.
  ▫ La bande 40,5 – 42,5 GHz en Europe.

- Les systèmes de communications multimédia (internet à grande vitesse, visiophone,…..) par une constellation de satellites en orbite basse. Ces systèmes permettent l'accès du plus grand nombre aux services multimédia interactifs en utilisant la bande K/Ka (18 à 30 GHz).

- Le système de communication point à point ou point à multipoint par faisceaux hertziens autour de la fréquence de 39 GHz qui représente une bande de fréquences consacrées à plusieurs types d'applications.

III. Le standard LMDS

Les systèmes de télécommunication sans fil et plus précisément les systèmes point – à – point sont généralement déployés pour offrir des liens haut débit entre les nœuds à haute densité du réseau [I.4]. Les avancées plus récentes en technologie point – à – multipoint offrent aux fournisseurs de service une recette pour proposer un accès local de grande capacité, qui est moins onéreux, plus rapide à mettre en place qu'une solution à base de câble, et capable d'offrir une combinaison d'applications.

Les avantages peuvent être récapitulés comme suit:

- Abaissement des coûts d'entrée et de déploiement
- Facilité et vitesse de déploiement (des systèmes peuvent être déployés rapidement même dans les territoires isolés)
- Réalisation rapide de revenu (en raison de déploiement rapide)
- Facilité d'extension de la zone couverte par le service dans le cas où la demande des clients augmente.
- Dans les systèmes traditionnels de câbles, la majeure partie de l'investissement de capital d'équipement est dans l'infrastructure, alors qu'avec le LMDS un plus grand pourcentage de l'investissement est décalé au CPE (customer–premise equipment), ce qui signifie qu'un opérateur dépense de l'argent seulement quand un client signe le contrat
- Aucun capital perdu quand les clients résilient leurs abonnements
- Entretien rentable de réseau, gestion, et frais d'exploitation

L'abréviation LMDS est dérivée de ce qui suit:

- **L (local)** -- indique que les caractéristiques de propagation des signaux dans cette bande de fréquences limitent le secteur potentiel de couverture à une cellule.
- **M (multipoint)** -- indique que des signaux sont transmis de point à multipoint à l'émission; le chemin de retour sans fil de l'abonné à la station de base, est un point à point.
- **D (distribution)** -- se rapporte à la distribution des signaux, qui peuvent se composer simultanément de la voix, des données, de l'internet, du trafic visuel,...
- **S (service)** -- implique la nature du rapport entre l'opérateur et le client; les services offerts par un réseau LMDS dépendent entièrement du choix de ce rapport.

III.1. Les caractéristiques du LMDS

Le LMDS (Local Multipoint Distribution System) est un système de télécommunication multiservice permettant la distribution d'informations à haut débit vers des abonnés équipés d'un ensemble de réception constitué d'un récepteur hyperfréquence et d'un boîtier appelé Set Top Box permettant de gérer les échanges de données et d'interfacer les équipements terminaux [I.5]. Le transport d'informations numériques s'effectue par faisceau hertzien sur une zone géographique déterminée.

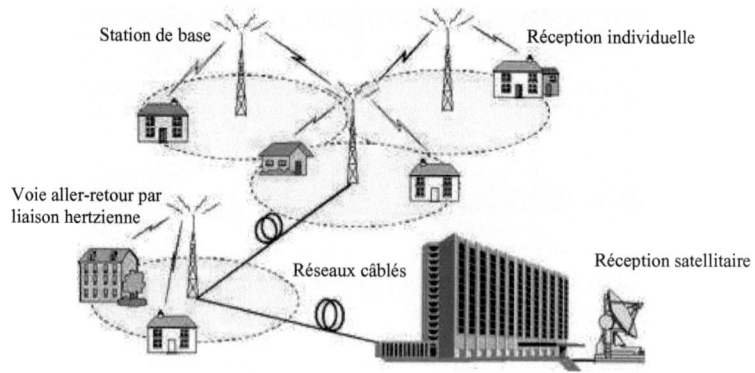

Figure I.2 : Le Système LMDS

Chapitre I : Systèmes de télécommunication aux fréquences millimétriques : exigences et solutions technologiques

---

Le système LMDS se propose d'offrir à ses futurs utilisateurs la distribution par faisceaux hertziens d'une multitude de services, comme les programmes de télévision numérique ou encore l'accès à l'internet haut débit.

La configuration aboutie du LMDS est destinée à fonctionner de façon interactive. En plus de voie classique descendante, allant de la station de base vers l'abonné, nécessaire à la diffusion de programmes télévisuels, vient s'ajouter une voie montante, à plus faible débit. Cette voie permet la remontée de données de l'abonné vers la station de base. A terme, la liaison montante doit également être assurée par voie hertzienne mais dans un premier temps, elle se fera via le Réseau Téléphonique Commuté. Cette configuration est alors désignée par système LMDS. Il existe aussi les dénominations MMDS (Multipoints Multichannel Distribution Services) et MVDS (Multichannel Video Distribution System) correspondant, respectivement, à un système de diffusion hyperfréquence de la télévision par câble et à un système de communication vidéo avec mise en place d'une voie retour [I.6].

Le système LMDS est compatible avec les normes de télévision numérique (DVB : Digital Video Broadcast, DAVIC : Digital Audio–Visual Council). Il est également compatible avec le protocole de transport ATM (Asynchronous Transfer Mode). Ainsi, le système LMDS permet le transport de l'ensemble des programmes télévisuels numérisés, interactifs ou non, ainsi que des offres multimédia existant sur le marché. Citons, comme autres exemples de service, l'accès à l'internet haut débit et le VOD (Video On Demand : Le téléspectateur commande un film au moyen de son Set Top Box via la voie de retour et le reçoit aussitôt).

Les éléments de codage et de modulation à l'émission ainsi que les éléments de démodulation et de décodage à la réception sont les mêmes que ceux utilisés en réception satellite. En particulier, le décodeur d'abonné est celui de la diffusion numérique par satellite.

Du fait de son caractère bidirectionnel, une telle liaison peut également être envisagée pour permettre le télétravail ou toute autre activité professionnelle pouvant être menée à bien au moyen d'un terminal informatique sur un site délocalisé. On conçoit aisément, notamment dans le cas de régions à faible densité de population et de réseaux de transport limités, l'intérêt d'un tel dispositif permettant, en outre, un déploiement rapide sans infrastructure lourde (pas de pose de câbles).

II.2. La distribution par faisceaux hertziens

La distribution des informations aux abonnés sur la dernière partie du réseau s'effectue par voie hertzienne. Les bandes de fréquences allouées varient d'un pays à l'autre de la façon suivante :

- 27,5 – 29,5 GHz (largeur de bande = 2000 MHz). Cette bande est disponible aux Etats Unis ; elle est bien adaptée au numérique.
- 40,5 – 42,5 GHz (largeur de bande = 2000 MHz). Cette bande a été retenue en Europe pour offrir un service numérique avec voie de retour de type LMDS.

Le système LMDS offre un nombre de canaux égal à 96, de 40 MHz de largeur de bande soit 66 Mbits/s de débit numérique pour chaque canal. Le codage et la compression des données permettent d'améliorer le débit d'informations transmises.

Par rapport aux systèmes de télécommunication fixes par câble, qui ont besoin d'une infrastructure coûteuse, les avantages de la distribution par faisceaux hertziens sont le faible coût du déploiement et le temps réduit de l'installation. Le système est également évolutif puisqu'il suffit à un futur abonné voulant s'accorder au réseau de s'équiper d'une unité de réception hyperfréquence avec antenne intégrée et du boîtier «Set Top Box» qui permet la gestion des données échangées. La fréquence du système LMDS permet d'utiliser des antennes de réception considérablement réduites en dimensions ce qui constitue un avantage très important sur le plan de l'encombrement. En outre, un tel système est totalement compatible avec une utilisation nomade.

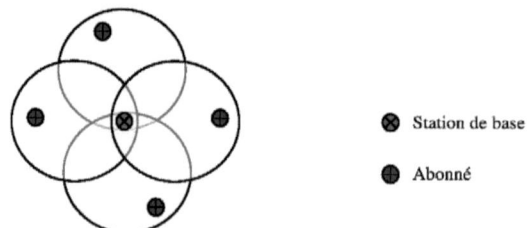

Figure I.3 : Couverture cellulaire d'une zone géographique

La zone géographique à desservir est découpée en cellules, chacune d'elles étant couverte par un émetteur de station de base. Cette disposition est due, d'une part, aux caractéristiques de la propagation hertzienne à ces fréquences (portée limitée en raison d'une forte atténuation à ces fréquences), et d'autre part, au nombre forcément limité de liaisons montantes gérables par une seule station de base.

Une station de base possède quatre antennes d'émission nécessaires pour couvrir tout l'espace. La portée (de 3 à 5 km environ) est un inconvénient au regard du nombre d'abonnés pouvant recevoir simultanément le même programme. Par contre, c'est un avantage de part la possible réutilisation des fréquences sur une partie limitée de la zone géographique couverte. Ceci augmente considérablement le nombre d'utilisateurs potentiels sans élargissement de la bande allouée au système en Europe (40,5 – 42,5 GHz) et aux Etats Unis (27,5 – 29,5 GHz).

Cette portée limitée est due à la propagation des ondes à 40 GHz dans l'air. L'atténuation des ondes électromagnétiques est particulièrement due aux hydrométéores (l'ensemble des phénomènes liés au comportement de l'eau dans l'atmosphère), ainsi qu'aux zones d'ombres provenant des diagrammes de rayonnement de l'antenne d'émission.

IV. Les liaisons par faisceaux hertziens à 39GHz

La bande fréquentielle autour de 39 GHz représente une bande non exploitée, intéressante pour plusieurs systèmes de télécommunications comme les liaisons par faisceaux hertziens (point – à – point) et ou les applications spatiales fixes et mobiles. La répartition des allocations fréquentielles est reportée sur la figure I.4 [I.4] [I.7].

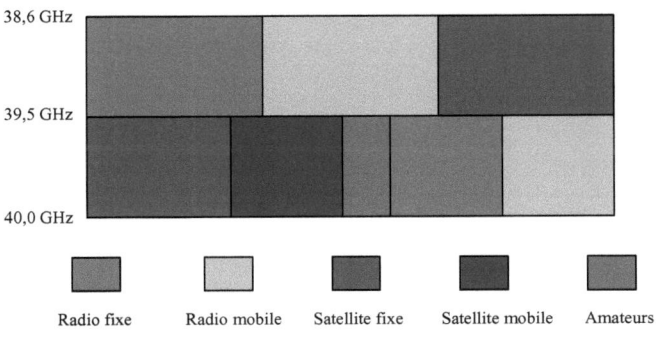

Figure I.4 : le spectre fréquentiel autour 39 GHz

V. Les systèmes de communication multimédia entre une constellation de satellites en orbite basse

Les systèmes basés sur l'emploi de constellations de satellites en orbite basse offrent un accès aux services multimédia (les vidéoconférences, la télémédecine, le téléenseignement, …) sur une très grande échelle. La liaison par la voie du satellite présente une solution qui permet un raccordement rapide des zones d'habitations isolées ou non équipées d'une infrastructure adaptée aux services multimédia.

La bande fréquentielle K/Ka, entre 18 – 30 GHz, peut accueillir ce genre d'applications, parce qu'elle offre la possibilité d'avoir des bandes passantes importantes, ce qui répond bien aux besoins des services multimédia. D'un autre côté, la montée en fréquence permet d'utiliser des antennes petites en taille, ce qui présente un intérêt pour les opérateurs et les utilisateurs.

La bande 18 – 19 GHz est utilisée pour établir la liaison descendante et la bande 28 – 29 GHz pour la liaison ascendante.

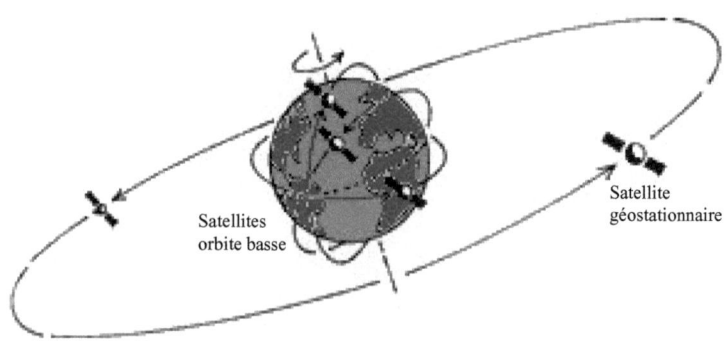

Figure I.5 : Comparaison entre les systèmes satellitaires géostationnaires et en orbites basses

VI. Les structures antennaires

L'antenne, qui constitue l'interface entre les équipements de transmission ou de réception d'une part et l'air d'autre part, peut être considérée comme un transmetteur ou un capteur d'énergie électromagnétique. L'antenne est alors un élément principal et incontournable en raison de son influence directe sur les performances globales du système de télécommunication.

Les caractéristiques principales de l'antenne comme la directivité, le gain, la bande passante, l'efficacité, les pertes, l'alimentation, doivent être étudiées et optimisées pour répondre au cahier des charges fixé exprimant les besoins du système de télécommunication étudié.

Un rappel sur les substrats diélectriques utilisés pour la réalisation des antennes et une présentation des principaux paramètres de rayonnement sont indispensables pour mieux comprendre le fonctionnement et le rôle important des antennes.

VI.1. Les substrats diélectriques

Les substrats diélectriques représentent un élément très important dans la conception des antennes à cause de leurs effets directs sur les performances de celles-ci. Une bonne connaissance de ces matériaux est indispensable pour comprendre et améliorer les caractéristiques des antennes planaires.

En effet, un substrat à faible perte diélectrique est nécessaire pour obtenir un bon rendement et un diélectrique à faible permittivité améliore le rayonnement de la structure en diminuant les pertes par ondes de surface, pour une épaisseur donnée. Les substrats diélectriques interviennent donc directement dans la détermination du comportement électromagnétique (propagation et rayonnement) des circuits d'alimentation et des éléments rayonnants.

Généralement, le matériau diélectrique est caractérisé par sa permittivité relative ε_r, son angle de pertes $\tan \delta$ et son épaisseur. Outre le faible coût, il doit aussi posséder quelques propriétés spécifiques :

- Une stabilité thermique des caractéristiques pour résister aux conditions atmosphériques variantes
- De faibles pertes diélectriques pour un meilleur rendement et une efficacité accrue
- Une bonne résistance aux produits chimiques utilisés pendant la photolithographie
- Une facilité d'usinage et une faible rugosité pour résister aux procédures de fabrication mécanique
- Une uniformité de la permittivité relative et une stabilité dimensionnelle surtout de l'épaisseur du matériau pour les grandes dimensions
- Conservation de la forme originale

Dans le domaine des hyperfréquences et pour les différents types d'applications, il existe un grand nombre de substrats diélectriques qui peuvent être mentionnés sous ces principales catégories :

- Les matériaux céramiques
- Les matériaux synthétiques
- Le verre Téflon
- Le Duroïd
- Les matériaux TMM
- Les mousses

Le choix des matériaux utilisés se fera en fonction de la permittivité et des pertes sans oublier le coût et la facilité d'usinage qui seront aussi pris en compte pour la conception des antennes lentilles et des antennes BIE.

VI.2. Les paramètres des antennes [I.8] [1.9]

Une antenne d'émission est un dispositif qui assure la transmission de l'énergie électromagnétique porteuse d'un signal à travers l'espace libre. D'autre part, une antenne de réception est un dispositif qui assure la transmission de l'énergie électromagnétique porteuse d'un signal dans l'espace vers le récepteur. Généralement, la source d'émission (ou le récepteur) est reliée à l'antenne par une ligne qui est fréquemment une ligne coaxiale ou un guide d'ondes.

VI.2.1. Le diagramme de rayonnement

C'est un diagramme qui représente les variations de la puissance que rayonne l'antenne par unité d'angle solide dans les différentes directions de l'espace.

Pour faire un relevé complet du diagramme de rayonnement, il faut calculer la fonction caractéristique de rayonnement $r(\theta,\varphi)$ qui varie entre 0 et 1 et dépend de la direction considérée $\Delta = (\theta,\varphi)$.

$$r(\theta,\varphi) = \frac{P(\theta,\varphi)}{P_0(\theta_0,\varphi_0)} \qquad (I.1)$$

$P(\theta,\varphi)$: est la puissance que rayonne l'antenne par unité d'angle solide autour de la direction Δ.

$P_0(\theta_0,\varphi_0)$: est la puissance de rayonnement maximal dans la direction $\Delta_0 = (\theta_0,\varphi_0)$.

A partir de la direction maximale, on cherche la direction Δ' dont la puissance autour de cette direction est inférieure de 3dB par rapport à la puissance maximale. L'angle que fait Δ avec Δ' s'appelle l'angle de l'ouverture à –3dB.

Pour les antennes millimétriques, le champ électrique a une polarisation déterminée, on relève le diagramme de rayonnement dans le plan E et H qui sont les plans définis par la direction de rayonnement maximal et par la direction du champ électrique ou du champ magnétique.

VI.2.2. La directivité

La directivité d'une antenne est définie par les directions où l'antenne concentre le rayonnement. Elle est le rapport entre la puissance $P(\theta,\varphi)$ et à la puissance que rayonnerait l'antenne isotrope par unité d'angle solide.

$$D(\theta,\varphi) = \frac{P(\theta,\varphi)}{P_{ray}/4\pi} \qquad (I.2)$$

On peut distinguer deux types de rayonnement :

- Le rayonnement isotrope: rayonnement de même intensité dans toutes les directions, la directivité est nulle. Ce cas est souvent utilisé comme antenne hypothétique pour la caractérisation des systèmes.
- Le rayonnement directif: une direction de rayonnement est privilégiée, la directivité D est le quotient de l'intensité dans cette direction par l'intensité moyenne.

VI.2.3. Le gain de l'antenne

Le gain absolu de l'antenne dans une direction (θ,φ) est le rapport de la puissance $P(\theta,\varphi)$ à la puissance obtenu si toute la puissance acceptée (P_a) par l'antenne serait rayonnée de manière isotrope et ceci par unité d'angle solide.

$$G(\theta,\varphi) = \frac{P(\theta,\varphi)}{P_a/4\pi} \qquad (I.3)$$

VI.2.4. Le rendement de l'antenne

Le rendement de l'antenne, ou l'efficacité de rayonnement, est défini comme le rapport de la puissance rayonnée sur la puissance acceptée.

$$\eta = \frac{P_{ray}}{P_a} \qquad (I.4)$$

$$P_a = P_r + P_{re} + P_c + P_d \qquad (I.5)$$

La puissance acceptée P_a se répartie dans la structure comme suit :

P_{ray} : La puissance rayonnée par l'antenne

P_{re} : La puissance réfléchie par désadaptation

P_c : Pertes dans les conducteurs

P_d : Pertes dans le diélectrique

Dans le cas des antennes imprimées, il faut ajouter à la puissance absorbée celle qui serait transportée par les ondes de surface.

VI.2.5. La polarisation de l'antenne

La polarisation du champ électromagnétique rayonné par une antenne est donnée par l'extrémité du vecteur champ électrique $\vec{E}$ au cours du temps.

Si $\vec{E}$ garde une direction constante dans le temps, on dit que l'on a une polarisation linéaire, c'est le cas de la majorité des antennes à éléments rayonnants de type dipôlaire.

Si le vecteur du champ $\vec{E}$ rayonné par l'antenne décrit un cercle ou une ellipse au court du temps en un point donné, on a alors une antenne à polarisation respectivement circulaire ou elliptique. On pourra obtenir ces dernières polarisations en créant deux champs synchrones, de directions différentes, déphasés entre eux.

La polarisation circulaire est dite droite si l'extrémité du vecteur $\vec{E}$ tourne, vu de l'émetteur, dans le sens des aiguilles d'une montre; elle est dite gauche dans le cas d'une rotation en sens inverse.

VI.2.6. L'impédance d'entrée

L'impédance d'entrée d'une antenne est la valeur de Z_{in} quand l'antenne est isolée de l'influence de tout conducteur placé dans son champ proche.

$$Z_{in} = Z_0 \frac{1+\Gamma}{1-\Gamma} \qquad (I.6)$$

Z_0 : L'impédance caractéristique de l'accès de l'antenne
Γ : Le coefficient de réflexion mesuré dans le même plan

VI.2.7. La température équivalente de bruit

La température de bruit d'une antenne a une grande importance pour les antennes utilisées en réception, notamment lorsqu'elles captent un signal relativement bas niveau, provenant d'un satellite.

On la définit par :

$$T_a = \frac{P_b}{K.\Delta f} \quad (I.7)$$

Où P_b est la puissance de bruit disponible à l'entrée du récepteur en Watt, K la constante de Boltzmann, soit 1,38E-23 Joules/°C, et Δf la largeur de bande du récepteur en Hz.

Si l'antenne est parfaite, ce bruit provient des sources de bruit externes, célestes ou terrestres.

Afin d'avoir une température de bruit très faible, il faut que la directivité de l'antenne soit quasiment nulle dans la direction des sources concernées. On peut citer au moins deux applications où cette grandeur est importante :

- Les télécommunications par satellite : une antenne de réception doit avoir, dans ce cas des lobes secondaires très faibles afin de ne pas capter le rayonnement de la terre (sensiblement équivalente à celle d'un corps noir à 300°K).

- Le radioastronomie : en radioastronomie on utilise cette "Température d'antenne" pour mesurer la température du ciel ou d'objets célestes dans une bande de fréquences bien déterminée.

VI.3. Antennes directives

Dans cette partie, diverses technologies d'antennes directives utilisées dans le domaine millimétrique seront présentées. Une comparaison de ces solutions technologiques et de leurs avantages et inconvénients sera dressée à la fin de ce chapitre.

VI.3.1. Les antennes paraboloïdes

La configuration de l'antenne parabole est présentée sur la figue I.6. Elle est constituée d'une surface réfléchissante éclairée par une source placée au foyer de la parabole. Ce genre d'antennes transforme les ondes sphériques émises d'une source placée au point focal du réflecteur (ou du système à lentille) en onde plane, comme en optique géométrique [I.8] [1.9]. Plusieurs types de sources élémentaires peuvent être utilisées comme par exemple les antennes cornets qui représentent le cas le plus répandu. La théorie de diffraction des ouvertures rayonnantes peut être utilisée pour analyser et optimiser la géométrie du réflecteur.

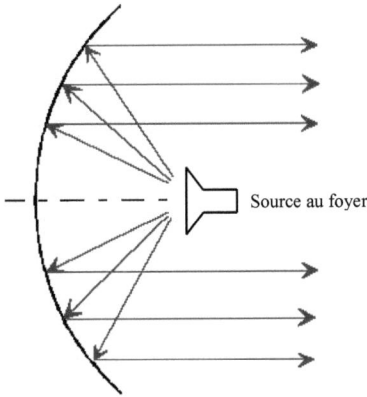

Figure I.6 : antenne paraboloïde

a) Les avantages

Les antennes paraboloïdes possèdent plusieurs avantages. Le plus important est le gain très élevé qui peut atteindre facilement les 30 dBi, le lobe principal pouvant être également très directif (il peut atteindre 1°). Les lobes secondaires sont faibles. Le découplage de polarisation est bon (polarisation linéaire) et la bande passante est suffisamment large.

Les antennes paraboloïdes possèdent encore d'autres avantages supplémentaires, comme leur bas coût de fabrication, leur simplicité et leur montage facile.

b) *Les inconvénients*

Les inconvénients des antennes paraboles sont essentiellement liés à deux éléments: la source primaire et la géométrie du réflecteur [1.9].

Le rendement des antennes paraboloïdes est défavorisé par plusieurs types de pertes. Les pertes par débordement appelées, pertes par spillover, représentent les pertes liées à l'énergie rayonnée par la source primaire et qui n'est pas interceptée par le réflecteur. Ceci induit une diminution du gain de l'antenne et une augmentation des lobes secondaires.

D'autres types de pertes nuisent aux antennes paraboloïdes comme les pertes par apodisation qui sont dues au diagramme de rayonnement non uniforme de la source primaire qui fournie plus d'énergie au centre par rapport aux extrémités. D'autres types de pertes sont liés à la source primaire comme les pertes dues à l'effet d'ombre de la source ou à sa défocalisation.

On peut aussi citer les pertes dues aux erreurs d'usinage du réflecteur qui introduisent des erreurs de phase ce qui diminue le gain, rend le lobe principal moins directif et fait remonter le niveau des lobes secondaires.

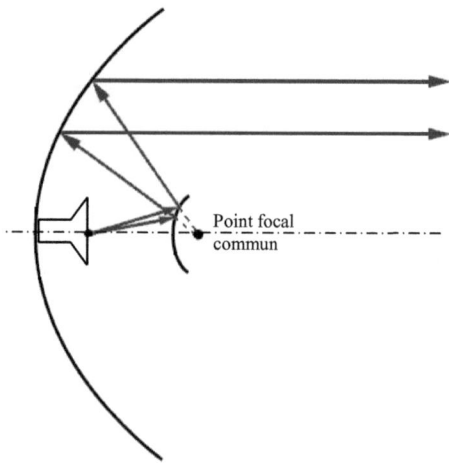

Figure I.7 : Antenne Cassegrain

Pour faire face à tous ces dégradations du rendement et pour améliorer les performances des antennes paraboloïdes, des configurations plus complexes sont apparues comme : les réflecteurs plan ou multiples, les réflecteurs asymétriques, les paraboles à alimentation décalée et les antennes Cassegrain (figure I.7), qui sont constituées de deux réflecteurs diminuant ainsi les pertes dues à l'illumination et le débordement (spillover). Par conséquence le gain augmente et peut atteindre des valeurs proches de 60 dBi avec des lobes très directifs [1.8] [1.9].

VI.3.2. Les antennes lentilles

Les propriétés des lentilles sont bien connues depuis l'antiquité dans le domaine optique. Ces dernières années, les avancées récentes des technologies dans le domaine millimétrique et l'utilisation progressive des hyperfréquences ont conduit à un accroissement d'intérêt pour l'étude et la réalisation des antennes lentilles.

Les lentilles sont utilisées dans un système antennaire pour rayonner l'énergie d'une source primaire dans une direction donnée en se reposant sur le principe de focalisation et de collimation [I.13]. La lentille modifie la phase et la direction du rayonnement émis par une source primaire placée à son foyer en transformant une onde sphérique émise par la source primaire en onde plane (figure I.8).

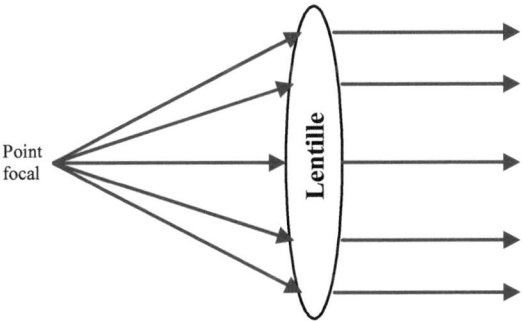

Figure I.8 : Le principe des lentilles convergentes

a) *Les avantages*

Les problèmes de la zone d'ombre, de diffraction et de rayonnement arrière engendrés par la source primaire sont éliminés par rapport à une antenne à réflecteur simple, du fait que la source n'est pas placée devant l'ouverture rayonnante. Ces phénomènes appelés pertes par blocage entraînent une baisse de l'efficacité de l'antenne [I.14]. La résolution de ces problèmes rend l'utilisation de source de grande taille possible.

La possibilité de modifier la géométrie de l'une ou des deux surfaces de la lentille et le choix de l'indice de réfraction permettent d'adapter l'architecture de la lentille pour répondre aux gabarits de rayonnement des applications sans fil.

Certaines formes d'antennes autorisent le déplacement de la source par rapport au foyer idéal sans dégradation excessive des caractéristiques de rayonnement des faisceaux désaxés. On appelle cela la défocalisation de la source primaire

Les défauts d'usinage mécanique sont moins préjudiciables avec les lentilles en raison de leur faible indice de réfraction qui diminue l'effet de l'irrégularité des surfaces de la lentille sur les caractéristiques de rayonnement obtenues.

b) *Les inconvénients*

Le principal inconvénient des lentilles est les réflexions sur les interfaces, ce qui introduit des pertes appelées pertes de transmission, dont leurs effets nuisent au rendement de l'antenne. Pour diminuer ces pertes, il est conseillé d'utiliser des lentilles à matériau diélectrique à faible permittivité relative, plus précisément inférieure à quatre, afin d'avoir un coefficient de réflexion tolérable.

Les pertes par débordement correspondent à l'énergie rayonnée par la source primaire et qui n'est pas interceptée par la lentille et aussi aux pertes dues à la diffraction de l'énergie rayonnée sur les bords de la lentille (figure I.9).

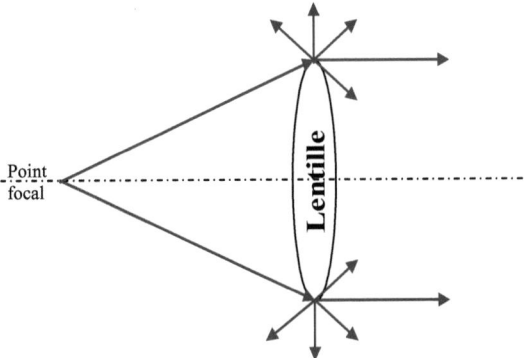

Figure I.9 : Pertes par diffraction aux bords de la lentille

Le volume et le poids de la lentille peuvent être considérés comme des inconvénients surtout aux basses fréquences. En outre, la distance focale est plus importante pour les lentilles que celle des réflecteurs paraboloïdes de la même ouverture ce qui induit une augmentation de l'encombrement des antennes lentilles.

VI.3.3. Les réseaux d' antennes planaires

Les antennes planaires sont considérablement utilisées dans de nombreuse applications et plus spécifiquement dans les systèmes embarqués comme les avions, les missiles et plus récemment dans les téléphones portables, pour leur structure compacte qui simplifie leur intégration.

Les antennes planaires ont des avantages par rapport aux autres antennes comme les cornets ou les antennes à réflecteur [I.10] : l'encombrement réduit, le poids faible, le bas coût de fabrication et la conformabilité aux surfaces d'intégration, ceci permet de les utiliser sur des surfaces courbes, comme c'est le cas de nombreux mobiles. On peut ajouter aussi la possibilité d'intégration de fonctionnalités électroniques, ce qui rend les antennes planaires compatibles avec les nouvelles technologies des circuits comme les MMIC.

A côté de ces avantages, il y a aussi quelques inconvénients tels que : le gain limité, la bande passante étroite, les pertes métalliques considérables, les pertes diélectriques qui dépendent du choix du substrat, la limitation des puissances transmises ($P \leq$ quelques Kw), les modes d'ondes de surface qui peuvent apparaître et qui dépendent de l'épaisseur du substrat et le rayonnement parasite dû aux circuits l'alimentation

Les antennes planaire sont souvent utilisées sous forme de réseau regroupant plusieurs sources élémentaires (patchs), afin de répondre aux contraintes au niveau du gain et rendre le lobe principal plus directif.

La distribution du réseau de patchs peut être linéaire, planaire ou volumique. La distribution linéaire des patchs permet de conformer le diagramme de rayonnement mais seulement dans le plan contenant les patchs rayonnants. Pour introduire des modifications au diagramme de rayonnement sur l'ensemble de l'hémisphère, les patchs rayonnants doivent être distribués d'une façon planaire (figure I.10).

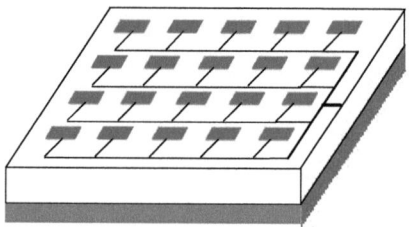

Figure I.10 : Réseau d'antennes planaires

a) Les avantages

Les réseaux d'antennes planaires permettent d'obtenir des gains élevés qui peuvent dépasser les 25 dBi. De plus, en les utilisant comme source primaire pour alimenter des structures de focalisation comme les lentilles ou les réflecteurs, le gain peut atteindre des valeurs plus élevées.

Pour les applications à haut débit nécessitant une large bande passante [I.11], les antennes réseaux offrent des solutions convenables grâce aux structures multicouches.

L'ouverture du lobe principal dépend de la conception du réseau et du nombre de sources utilisées. Elle peut varier de quelques degrés à quelques dizaines de degrés selon l'application choisie, les lobes secondaires pouvant atteindre des niveaux inférieurs à -20 dB.

L'obtention aisée d'une polarisation circulaire est un avantage très intéressant pour plusieurs applications comme pour les systèmes radar et les communications sans fil [I.8] [I.11] [I.12].

Le dernier atout et non des moindres, qu'on peut ajouter aux réseaux d'antennes patchs, est leur faible poids et leurs compacité.

b) Les inconvénients

Malgré les bons niveaux de gain obtenus avec les réseaux d'antennes (pouvant dépasser les 25 dB), ils restent inférieurs à celui des paraboles par exemple. Ceci est lié aux pertes importantes dues au circuit de distribution de l'alimentation, ainsi qu'aux couplages entre les éléments du réseau, ce qui explique le faible rendement des réseaux d'antennes surtout dans la bande millimétrique.

Plus on monte en fréquence, plus la réalisation des réseaux d'antennes se complique et le coût de fabrication augmente en raison de la haute précision à tenir pendant la phase de gravure des lignes d'alimentation qui sont à très faible largeur, notamment dans la bande millimétrique.

Malgré ces quelques inconvénients, les réseaux d'antennes imprimées sont largement utilisés notamment pour la conformabilité du diagramme de rayonnement, permettant ainsi de répondre aux exigences d'applications telles que les systèmes mobiles (avions et les missiles par exemple) et les systèmes satellitaires [I.8] [I.11].

VI.3.4. Les antennes à bande interdite électromagnétique

Les matériaux à bande interdite électromagnétique ou photonique (en français BIE ou BIP et en anglais EBG) sont des structures diélectriques ou métalliques périodiques dont la périodicité peut être dans une, deux ou trois dimensions de l'espace [I.15] [I.16].

La propagation des ondes dans ces structures est interdite pour certaines bandes de fréquences et autorisée pour d'autres bandes (figure I.11), ce qui rend ces matériaux très intéressants pour de nombreux systèmes comme les filtres, les coupleurs et bien sûr les antennes [I.17]. Une étude concernant le comportement de ces matériaux et le principe de fonctionnement des structures BIE fera l'objet du chapitre V.

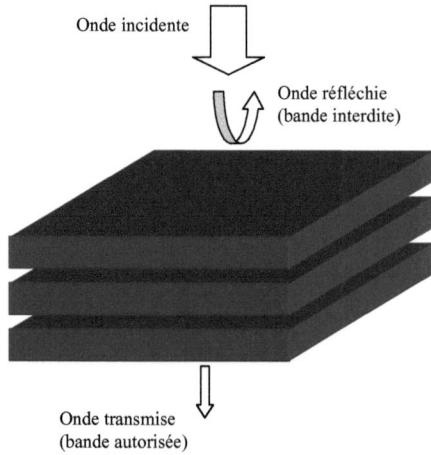

Figure I.11 : Principe des structures BIE–1D

a) Les avantages

Avec les antennes BIE, on peut obtenir des gains importants [I.18] [I.19] [1.20], de l'ordre de celle des lentilles, mais inférieures aux antennes paraboloïdes.

L'atout principal des antennes BIE est leur forte directivité qui peut atteindre quelques degrés et aussi leurs faibles lobes secondaires. En fait, le choix des matériaux utilisés pour la conception des structures BIP et la différence entre les valeurs de permittivité de ces matériaux ont un effet direct sur la directivité de l'antenne. Aussi, le choix de la source joue un rôle important sur les caractéristiques du diagramme de rayonnement des antennes BIE.

Les antennes BIP sont peu encombrantes, leur épaisseur est de quelques λ_0 et elles sont relativement légères si on les compare aux réflecteurs ou aux lentilles.

b) *Les inconvénients*

La faible bande passante est l'inconvénient majeur des antennes BIE. Leur utilisation s'en trouve limité, surtout avec l'émergence des systèmes de télécommunications haut débit qui exigent des bandes passantes plus large pour pouvoir répondre à la demande des systèmes de télévision numérique par exemple.

Une des difficultés concerne l'usinage des plaques. En effet, l'usinage mécanique dans le domaine millimétrique sur des matériaux à haute permittivité demande une précision importante, ce qui induit souvent une augmentation du coût de fabrication.

L'adaptation est très sensible à l'assemblage et au montage final de la structure BIE. La précision de la périodicité des couches des matériaux est un paramètre très délicat qu'il faut maîtriser pour ne pas dégrader l'adaptation.

VI.4 Comparaison technologique

Après avoir présenté les différents types d'antennes directives, une comparaison technologique entre ces antennes et leurs caractéristiques est nécessaire pour déterminer le choix de telle ou telle antenne en fonction du cahier des charges. Le tableaux I.1 résume les principales conclusions.

- Pour les **antennes paraboloïdes**, on peut obtenir de fort gains avec une bonne adaptation sur une large bande passante et un diagramme de rayonnement directif. Le bas coût et la simplicité d'usinage sont aussi des atouts importants des antennes à réflecteur. Par contre, elles sont très encombrantes et les pertes dégradent leurs rendement.

- Pour les **antennes lentilles**, on peut atteindre un gain satisfaisant, une large bande passante avec une bonne adaptation. La directivité dépend surtout des caractéristiques de rayonnement de la source primaire et aussi de la géométrie de la lentille. Les principaux inconvénients sont les pertes, le poids et le coût.

- Pour les **réseaux d'antennes planaires**, le diagramme de rayonnement peut être très directif (selon le nombre des sources) et les lobes secondaires sont faibles. Le gain et la bande passante sont satisfaisants et l'adaptation est bonne. Ce genre d'antennes ont un faible poids et une structure compacte. Les inconvénients principaux sont le coût et les pertes dans le répartiteur d'alimentation.

- Pour les **antennes BIE**, on peut obtenir des diagrammes de rayonnement directifs, de faibles lobes secondaires avec un niveau de gain et une adaptation acceptable, mais seulement sur une bande passante étroite. Le faible poids, l'encombrement et le coût raisonnable sont aussi des avantages à ajouter à la technologie BIE. La difficulté principale est la haute précision demandée pour la réalisation de ces antennes surtout dans la bande millimétrique.

	Gain	Adaptation	Bande passante	Directivité	Coût	Encombrement	Pertes
Réseaux planaires	+/-	+	+/-	+	-	+	-
Paraboloïdes	+ +	+	+	+	+	-	-
Lentilles	+	+	+	+/-	-	-	-
BIE	+	+/-	-	+	+/-	+	+

Tableau I.1 : Comparaison des principales caractéristiques de différentes technologies d'antennes directives

VII. Conclusion

Après un rappel sur les propriétés des ondes millimétriques et les liaisons hertziennes en général, le standard de télécommunication LMDS et ses exigences ont été décrites, d'une façon plus détaillée.

Chapitre I : Systèmes de télécommunication aux fréquences millimétriques : exigences et solutions technologiques

Un exposé des principaux paramètres d'antennes et des matériaux utilisés a ensuite été présenté, afin d'établir un ensemble de critères liés aux exigences des systèmes de télécommunications.

Une brève étude concernant les différents types d'antennes directives et une comparaison technologique des avantages et inconvénients de chaque technologie ont été réalisées pour aider à dégager les meilleurs choix pouvant répondre au cahier des charges.

Dans le chapitre II, les outils de modélisation électromagnétiques et les différentes méthodes de calcul seront présentés. Les moyens de mesure des caractéristiques des antennes conçues y seront également décrits.

Bibliographie

[I.1] S. BORON
"*La flambée du cuivre, une bonne nouvelle pour l'économie*"
http://www.trends.be/CMArticles/ShowArticleFR.asp?articleID=37598&sectionID=3
18, Décembre 2005.

[I.2] ERC – CEPT
"*The European table of frequency allocations and utilisations covering the frequency from range 9 kHz to 275 GHz*"
http://www.ero.dk/eca-change, Copenhague 2004.

[I.3] P. BAHARTIA, I.J. BAHL
"*Millimeter wave engineering and applications*"
John Wiley & Sons Interscience Publication, 1984.

[I.4] The International Engineering Consortium
"*Local multipoint distribution system (LMDS)*"
http://www.iec.org/online/tutorials/lmds/, 2005.

[I.5] G.M. STAMATELOS, D.D. FALCONER
"*Millimeter radio access to multimedia services via LMDS*"
IEEE – Global Telecommunications conference, Volume 3, 18–22 Nov. 1996 Page(s):1603 – 1607, Londre1996.

[I.6] F. CREEDE
"*Datacasting with LMDS and MMDS Systems*"
Applied Microwave & wireless, Août 2001

[I.7] Federal Communications Commission
"*United States frequency allocations: the radio spectrum*"
http://wireless.fcc.gov/auctions/data/bandplans/39band.pdf

[I.8] **C.A. BALANIS**
"Antenna theory : analysis and disgn – second edition"
John Wiley & Sons Interscience Publication, 1997.

[I.9] **P.F. COMBES**
"Micro–ondes 2 : Circuits passifs, propagation, antennes"
Dunod, Paris, 1997.

[I.10] **I.J. BAHL, P. BAHARTIA**
"Microstrip Antennas"
Artech House, Inc., 1980.

[I.11] **C. LAUMOND**
"Conception de réseaux d'antennes imprimées large bande à fort gain. Applications à des systèmes de communication haut débit"
Thèse de Doctorat, Université de Limoges, Juin 2000.

[I.12] **D.M. POZAR, D.H. SHAUBERT**
"Microstrip Antennas : The analysis and design of microstrip antennas and arrays"
IEEE Press, New York 1995.

[I.13] **R.E. COLLIN, F.J. ZUKER**
"Antenna theory : part 2"
McGraw–Hill Book Company, 1969.

[I.14] **Y.T. LO, S.W. LEE**
"Antenna Handbook : Theory Applications and Design"
Van Nostrand Reinhold Company, New–York 1988.

[I.15] **J.M. LOURTIOZ, H. BENESTY, V. BERGER, J.M. GERARD, D. MAYSTRE, A. TCHELNOKOV**
"Les cristaux photoniques ou la lumière en cage"
GET et Lavoisier, Paris 2003.

[I.16] E. YABLONOVITCH
"*Inhibited spontaneous emission in solid–state physics and electronics*"
Physical Review Letters, Vol 58, no. 22, page(s) 2059–2062, Mai 1987.

[I.17] E. YABLONOVITCH
"*Photonic band–gap structures*"
J. Opt. Soc. Am. B., Vol. 10, No 2, Février 1993.

[I.18] D.R. JACKSON, N.G. ALEXOPOULOS
"*Gain enhancement methods by printed circuit antennas*"
IEEE Transactions on Antennas and Propagation, Vol. 33, (1985), page(s): 976–987.

[I.19] H.Y. YANG, N.G. ALEXOPOULOS
"*Gain enhancement methods for printed circuit antennas through multiple superstrates*"
IEEE Transactions on Antennas and Propagation, Vol. 35, , page(s): 860–863, 1987.

[I.20] L. BERNARD, R. LOISON, R. GILLARD, T. LUCIDARME
"*High directivity multiple superstrate antennas with improved bandwidth*"
IEEE International Symposium on Antennas and Propagation, Vol. 2, Page(s): 522 – 525, 16–21 Juin 2002.

Chapitre II
Outils de modélisation et de mesure

Chapitre II : Outils de modélisation et de mesure

I. Introduction

Ce chapitre est consacré aux outils de modélisation électromagnétique et aux méthodes de résolution numérique associées, en mentionnant les propriétés et les limites de chacune d'entre elles.

S'appuyant sur différentes méthodes de calcul, les outils de modélisation permettent l'analyse et l'optimisation des structures étudiées. La conception et réalisation de ces structures s'en trouvent alors grandement facilitées et le temps nécessaire pour leurs validations finales limité.

Les outils de mesures utilisés (analyseur de réseau et chambre anéchoïde millimétrique) pour la caractérisation des antennes conçus sont également présentés dans ce chapitre.

II. Modélisation des problèmes électromagnétiques

L'évolution des moyens de calcul, dus au progrès de l'informatique dans les dernières années, a permis le développement de la simulation électromagnétique, non pas comme une alternative à l'analyse mathématique ou à la caractérisation expérimentale mais plutôt comme un moyen complémentaire de recherche et d'optimisation. La simulation EM permet ainsi de réduire le nombre d'essais offrant une importante économie sur les moyens technologiques.

La modélisation électromagnétique est une analyse rigoureuse de tous les phénomènes physiques que présente une structure par le biais de méthodes de résolution numérique, obéissant aux lois de base de l'électromagnétisme, succinctement présentées ici.

II.1. Equations de Maxwell :

Le travail de synthèse de J. C. Maxwell en 1873 a permis d'introduire des lois simples pour mettre en relation les phénomènes électriques et magnétiques à base d'équations aux dérivés partielles :

$$\mathbf{rot\ E} = -\frac{\partial \mathbf{B}}{\partial t} - \mathbf{M} \quad \text{(II.1)} \quad \text{(loi de Faraday)}$$

$$\mathbf{rot\ H} = \frac{\partial \mathbf{D}}{\partial t} + \mathbf{J} \quad \text{(II.2)} \quad \text{(loi de Biot–Savart, Ampère)}$$

$$div\ \mathbf{D} = \rho \quad \text{(II.3)} \quad \text{(loi de Gauss)}$$

$$div\ \mathbf{B} = \tau \quad \text{(II.4)}$$

Où :

E : le champ électrique (V/m).
H : le champ magnétique (A/m).
D : l'induction électrique (C/m²).
B : l'induction magnétique (T/m²).
J : la densité de courant électrique (A/m²).
M : la densité de courant magnétique équivalent (V/m²).
ρ : la densité de charges électriques (C/m^3).
τ : la densité de charges magnétiques équivalentes (V.s/m^3)

La nature locale des équations de Maxwell peut être reformulée sous une forme globale en appliquant les théorèmes de Stokes et Ostrogradski, donnant ainsi les équations sous forme intégrale :

$$\oint_c E.dl = -\frac{\partial}{\partial t}\int_s B.dS - \int M.dS \quad \text{(II.5)}$$

$$\oint_c H.dl = -\frac{\partial}{\partial t}\int_s D.dS - \int J.dS \quad \text{(II.6)}$$

$$\oint_\Sigma D.dS = \int_V \rho \cdot dv \qquad (\text{II}.7)$$

$$\oint_\Sigma B.dS = \int_V \tau \cdot dv \qquad (\text{II}.8)$$

Σ est la surface fermée entourant le volume V. De même C est le contour fermé de la surface S.

II.2. Relations constitutives du milieu

La propagation de l'onde électromagnétique dans un milieu dépend essentiellement de ses propriétés électriques et magnétiques. Une relation est établie entre les grandeurs des champs et les inductions sous la forme :

$$\mathbf{D} = \overline{\overline{\varepsilon}}\,\mathbf{E} \qquad (\text{II}.9)$$

$$\mathbf{B} = \overline{\overline{\mu}}\,\mathbf{H} \qquad (\text{II}.10)$$

$\overline{\overline{\varepsilon}}$ et $\overline{\overline{\mu}}$ sont les tenseurs de permittivité et de perméabilité du milieu. Pour un milieu isotrope, les vecteurs sont colinéaires.

II.3. Conditions aux limites

Les structures microondes sont généralement composés de milieux différents (substrat, conducteur, air,...). L'interface entre deux milieux est régie par une distribution de charges et de densités de courants surfaciques différentes. Des conditions aux limites sont données afin d'assurer la continuité des champs électriques et magnétiques :

$$\mathbf{n} \times (\mathbf{E}_2 - \mathbf{E}_1) = -\mathbf{M}_S \qquad (\text{II}.11)$$

$$\mathbf{n} \times (\mathbf{H}_2 - \mathbf{H}_1) = \mathbf{J}_S \qquad (\text{II}.12)$$

$$\mathbf{n} \cdot (\mathbf{D}_2 - \mathbf{D}_1) = \rho_S \qquad (II.13)$$

$$\mathbf{n} \cdot (\mathbf{B}_2 - \mathbf{B}_1) = \tau_S \qquad (II.14)$$

n : vecteur unitaire normal sur la surface

Pour les structures ouvertes, le champ électromagnétique doit vérifier la condition de Sommerfeld (condition de rayonnement à l'infini) :

$$\lim_{r \to \infty} r \left(\frac{\partial}{\partial r} + jk \right) \psi = 0 \qquad (II.15)$$

Où Ψ représente le champ électromagnétique ou une grandeur auxiliaire qui lui est associée.

II.4 Zones du champ rayonné

Autour d'un élément rayonnant ou d'une antenne, on peut spécifier différentes zones de champ. Ces zones ont pour critère la dimension de l'élément rayonnant D et la distance r entre le point d'observation et la source rayonnante.

On peut distinguer trois zones principales:

- Zone de champ proche réactif (zone de Rayleigh) :

$$\left[0 < r < 0,62\sqrt{D^3/\lambda} \right]$$

L'espace entourant l'antenne à pour facteur dominant la partie réactive du champ.

- Zone de champ proche rayonné (zone de Fresnel) :

$$\left[0,62\sqrt{D^3/\lambda} < r < 2D^2/\lambda \right]$$

Le champ rayonné devient majoritaire, mais ses caractéristiques varient en fonction de l'éloignement.

- Zone de champ lointain (zone de Fraunhofer) :

$$\left[2D^2/\lambda < r < \infty\right]$$

Les caractéristiques angulaires du champ ne varient plus en fonction de r, dans ce cas l'onde est localement plane et les composantes du champ sont transverses.

III. Méthodes de résolutions numériques

Les méthodes numériques utilisées pour résoudre les équations de Maxwell, s'appuient sur l'approximation du problème en utilisant une discrétisation spatiale ramenant le calcul du champ sur des cellules élémentaires. Elles y associent aussi les conditions aux limites qui déterminent l'interface entre les différents milieux, ainsi que la condition de rayonnement de Sommerfeld.

Généralement, Les méthodes de résolutions numériques sont catégorisées en trois groupes :

- La méthode des différences finies
- La méthode des moments
- La méthode des éléments finis

III.1. La méthode des différences finies

Dans cette méthode numérique [II.1], on utilise pour résoudre les équations de Maxwell une fine discrétisation spatio–temporelle. L'espace est divisé en cellules élémentaires parallélépipédiques. A l'intérieur de chacune de ces cellules, les six composantes orthogonales des champs électromagnétiques (E_x, E_y, E_z et H_x, H_y, H_z) sont calculées. En utilisant les équations de Maxwell, on peut calculer les composantes du champ électrique au milieu des arêtes des cellules élémentaires, tandis que celles du champ magnétique sont calculées au centre des faces des mailles (figure II.1).

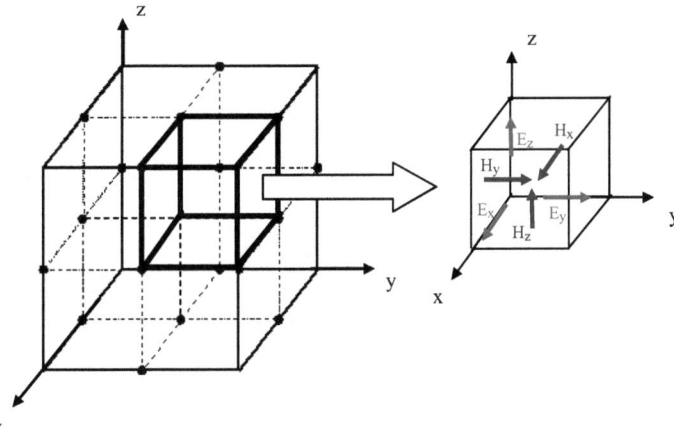

Figure II.1 : Volume de calcul divisé en cellule élémentaire

La méthode des différences finies est simple parce qu'elle ne réclame aucun traitement analytique antérieur. Par contre, pour obtenir une bonne précision, il faut augmenter le nombre de cellules pour s'approcher du problème continu, ce qui rend cette méthode particulièrement lourde en ce qui concerne les ressources de calcul à mettre en oeuvre. En outre, le maillage de la structure doit adopter les coordonnées du système du repère retenu, ce qui limite les géométries des structures à des formes simples et régulières.

III.2. La méthode des moments

Cette méthode est basée sur la résolution des équations de Maxwell en trois dimensions suivant une formulation intégrale, en utilisant les courants de surface induits sur les parois métalliques de la structure étudiée. L'algorithme numérique utilisé pour résoudre cette formulation intégrale a été proposé dès les années soixante par Harrington [II.2]. Cet algorithme consiste à transformer l'équation intégrale en une équation algébrique sous forme matricielle.

L'utilisation de cette méthode demande l'usage de substrats homogènes pour la conception des structures étudiées. La modélisation des substrats inhomogènes ou de trous métallisés, n'est pas rigoureuse et manque parfois de fiabilité. C'est pour cela qu'on peut considérer cette méthode comme une méthode en deux dimensions et demi (2,5D) : bidimensionnel pour le courant et tridimensionnel pour le champ.

III.3. La méthode des éléments finis

La méthode des éléments finis est apparue dans les années quarante. Pour simplifier la présentation de cette méthode [II.3], on prend le cas simple à deux dimensions. Le but est d'obtenir la distribution du champ électrostatique qui est calculée à partir du potentiel scalaire $\Phi(x,y)$ et satisfait l'équation de Laplace :

$$\frac{\partial^2 \Phi(x,y)}{\partial x^2} + \frac{\partial^2 \Phi(x,y)}{\partial y^2} = 0 \qquad (II.16)$$

Le domaine de calcul peut être décomposé en une somme d'élément finis :

$$\Phi(x,y) \cong \sum_{e=1}^{N} \Phi_e(x,y) \qquad (II.17)$$

Où : $\Phi(x,y)$, est la solution dans tout le domaine.

$\Phi e(x,y)$, est la solution obtenue à l'intérieur de chaque cellule. En choisissant une approximation polynomiale de premier ordre pour cette solution, le champ à l'intérieur de la cellule peut s'écrire en fonction de ces coordonnées :

$$\Phi_e(x,y) = a + bx + cy \qquad (II.18)$$

Sur la figure II.2, on présente le dessin des grandeurs du champ dans une cellule élémentaire.

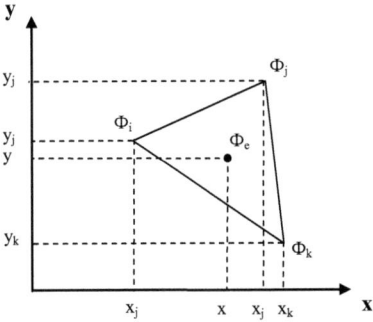

Figure II.2 : Une cellule élémentaire à deux dimensions

On peut exprimer la valeur de champ $\Phi_e(x,y)$ en fonction des valeurs de champ aux sommets de la cellule sous une forme matricielle :

$$\begin{bmatrix} \Phi_i \\ \Phi_j \\ \Phi_k \end{bmatrix} = \begin{bmatrix} 1 & x_i & y_i \\ 1 & x_j & y_j \\ 1 & x_k & y_k \end{bmatrix} \begin{bmatrix} a \\ b \\ c \end{bmatrix} \quad \text{(II.19)}$$

A partir des valeurs de champ aux sommets et de leurs coordonnées, on peut écrire la solution d'un élément fini sous la forme suivante :

$$\Phi_e(x,y) = \sum_{n=i,j,k} a_n(x,y) \Phi_n \quad \text{(II.20)}$$

$$\Phi_e(x,y) = a_i(x,y) \Phi_i + a_j(x,y) \Phi_j + a_k(x,y) \Phi_k \quad \text{(II.21)}$$

Les coefficients a_i, a_j et a_k dépendent principalement des coordonnées des sommets :

$$\left. \begin{aligned} a_i(x,y) &= \frac{1}{2A}\left[(x_j y_k - x_k y_j) + (y_j - y_k)x + (x_k - x_j)y\right] \\ a_j(x,y) &= \frac{1}{2A}\left[(x_k y_i - x_i y_k) + (y_k - y_i)x + (x_i - x_k)y\right] \\ a_k(x,y) &= \frac{1}{2A}\left[(x_i y_j - x_j y_i) + (y_i - y_j)x + (x_j - x_i)y\right] \end{aligned} \right\} \quad \text{(II.22)}$$

Où A est la surface du triangle (en trait continu sur la figure II.2). Elle est déterminée par la relation :

$$2A = \begin{vmatrix} 1 & x_i & y_i \\ 1 & x_j & y_j \\ 1 & x_k & y_k \end{vmatrix} = (x_i y_j - x_j y_i) + (x_k y_i - x_i y_k) + (x_j y_k - x_k y_j) \quad \text{(II.23)}$$

La solution calculée à l'intérieur de l'élément fini doit satisfaire une condition de minimisation d'une fonctionnelle liée au problème posé. La fonctionnelle retenue est basée sur l'énergie contenue dans l'élément fini. Elle est donnée par :

$$\begin{aligned} F_e &= \frac{1}{2} \int_{\Omega_e} \varepsilon |\mathbf{E}|^2 \, ds \\ &= \frac{1}{2} \int_{\Omega_e} \varepsilon |\mathbf{grad}\, \Phi_e|^2 \, ds \qquad \text{(II.24)} \\ &= \frac{\varepsilon}{2} \int_{\Omega_e} \left[\left(\frac{\partial \Phi_e}{\partial x} \right)^2 + \left(\frac{\partial \Phi_e}{\partial y} \right)^2 \right] dx\, dy \end{aligned}$$

En remplaçant (II.21) dans (II.24), on peut écrire la fonctionnelle sous une forme matricielle :

$$F_e = \frac{1}{2} \varepsilon [\Phi_e]^t [C_e][\Phi_e]$$

$$\text{où le vecteur } [\Phi_e] = \begin{bmatrix} \Phi_i \\ \Phi_j \\ \Phi_k \end{bmatrix} \qquad \text{(II.25)}$$

La matrice :

$$[C_e] = \begin{bmatrix} C_{ii} & C_{ij} & C_{ik} \\ C_{ji} & C_{jj} & C_{jk} \\ C_{ki} & C_{kj} & C_{kk} \end{bmatrix} \qquad \text{(II.26)}$$

est appelée généralement matrice des coefficients de l'élément fini. Ils sont évalués à partir des coordonnées des champs. La fonctionnelle étant définie, il s'agit maintenant de la minimiser selon les variables Φ_i, Φ_j, et Φ_k (valeurs de champ aux sommets d'une cellule élémentaire) :

$$\frac{\partial F_e}{\partial \Phi_i} = \frac{\partial F_e}{\partial \Phi_j} = \frac{\partial F_e}{\partial \Phi_k} = 0 \qquad \text{(II.27)}$$

Les équations obtenues à partir des dérivées de la fonctionnelle sont reformulées pour se mettre sous la forme d'une équation matricielle :

$$[\Psi_e][\Phi_e] = 0 \qquad \text{(II.28)}$$

Où les coefficients de la matrice Ψ_e sont à leur tour évalués à partir des coordonnées des sommets de l'élément fini. En appliquant la minimisation de la fonctionnelle (énergie) sur tout le domaine de calcul, on obtient la solution finale du champ :

$$F(\Phi) = \sum_{e=1}^{N} F_e(\Phi_e) \qquad \text{(II.29)}$$

Nous avons décrit le principe de la méthode des éléments finis pour le cas à deux dimensions. L'expression variationnelle est basée sur la minimisation d'une fonctionnelle, qui est dans le cas général, une grandeur basée sur l'énergie. La méthode des éléments finis est bien adaptée à des problèmes ayant une géométrie complexe et composée des matériaux inhomogènes.

L'outil de simulation Ansoft – HFSS :

Le logiciel HFSS (High Frequency Stucture Simulator) est un simulateur électromagnétique en trois dimensions. Il est basé sur la résolution des équations aux dérivées partielles par la méthode des éléments finis dans le domaine fréquentiel.

a) *Le maillage*

Le maillage de la structure en cellules élémentaires est effectué sous forme de triangles pour les surfaces et de tétraèdres pour les volumes (figure II.3). Le système de résolution sauvegarde les valeurs des champs tangentiels aux bords des tétraèdres (vecteurs A), ainsi que les valeurs du milieu des arrêtes (vecteurs B). La valeur d'un champ à l'intérieur de chaque tétraèdre (vecteurs C) est interpolée par une approximation polynomiale à partir des valeurs sauvegardées précédemment [II.4]. Le polynôme utilisé peut être simpliste ou d'ordre supérieur.

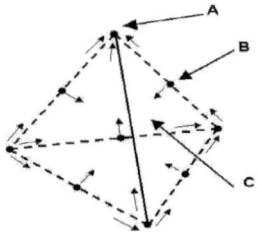

Figure II.3: La distribution du champ dans une cellule tétraèdre

La précision de la solution est liée, d'un part, au maillage effectué et, d'autre part, au degré du polynôme d'interpolation. Dans un contexte de minimisation du temps de calcul, une limitation du raffinement du maillage ainsi qu'un polynôme d'ordre faible sont préférables au moins lors du calcul préliminaire. Ces deux paramètres sont gérés automatiquement par le logiciel. Le seul paramètre à contrôler est le taux de raffinement du maillage [II.5] [II.6].

Lors de la simulation, le volume de calcul est limité par une boîte (généralement de l'air) dont on attribue aux parois une propriété rayonnante aux limites (condition de Sommerfeld). Une distance de $\lambda_g/4$ est à respecter entre la structure et la paroi de la boîte afin de limiter les réflexions multiples.

Chapitre II : Outils de modélisation et de mesure

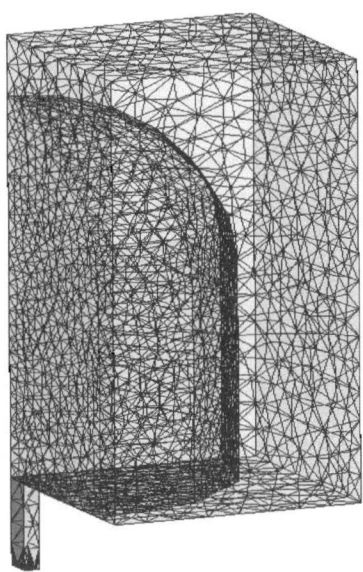

Figure II.4:Exemple du maillage

b) Sources d'excitation

L'outil de simulation HFFS propose différents types d'excitations comme par exemple l'excitation par : ondes incidente, différence de tension, courrant électrique.

Pendant nos travaux nous utilisons essentiellement une source d'excitation appelée «Wave–Port» [II.5], dans laquelle les ports d'excitation sont traités comme des guides d'ondes semi infinis. En résolvant l'équation d'onde à leurs surfaces, on peut avoir l'impédance caractéristique des modes propagés ainsi que leur constante de propagation.

c) Les post–traitements

L'impédance caractéristique peut être calculée selon l'une des trois définitions de puissance, de courant et de tension, ces dernières grandeurs étant obtenues à partir des valeurs calculées des champs.

$$P = \oint_s E \times H \, ds \qquad \text{(II.30)}$$

$$I = \oint_L H \bullet dl \qquad \text{(II.31)}$$

$$V = \oint_L E \bullet dl \qquad \text{(II.32)}$$

Puissance courant :

$$Z_{pi} = \frac{P}{I.I} \qquad \text{(II.33)}$$

Puissance tension :

$$Z_{pi} = \frac{V.V}{P} \qquad \text{(II.34)}$$

Courant tension :

$$Z_{vi} = \frac{V}{I} \qquad \text{(II.35)}$$

On peut ajouter aussi que HFSS permet également de calculer le champ proche ainsi que le champ lointain, ce qui permet d'obtenir les diagrammes de rayonnement des antennes simulées.

Pour pouvoir atteindre une précision acceptable, il faut trouver un compromis entre la taille des mailles, autrement dit le nombre de mailles et les ressources informatiques disponibles.

Il existe plusieurs moyens pour améliorer la précision du calcul dans les limites des ressources informatiques existantes :

- On choisit le processus habituel qui génère la discrétisation et la fréquence de maillage dans premier temps. Il affine ensuite automatiquement la discrétisation dans les zones les plus critiques jusqu'à atteindre la valeur déterminée du critère de convergence. La fréquence de maillage varie selon nos besoins, pour une fréquence particulière ou sur une bande désignée.

- On choisit les diélectriques et les conducteurs sans pertes sauf pour les cas qui concernent l'étude des pertes.

- Pour les structures symétriques, on peut réduire le temps de calcul en découpant la structure avec des plans de symétrie et en appliquant une condition de limite (mur électrique ou magnétique) sur ces plans. Le simulateur fait ses calculs sur la moitié ou parfois sur le quart de la structure. En prenant ensuite en compte les plans de symétries, il nous fournit les résultats sur la totalité de la structure simulée.

IV. Moyens de mesure

Des structures antennaires ont été réalisées pour valider expérimentalement les études théoriques et les résultats obtenus par simulation. La caractérisation des antennes conçues portes sur l'adaptation, le gain et les diagrammes de rayonnement. Les outils de mesures utilisés sont l'analyseur de réseau et la chambre anéchoïde et sont décrits succinctement ici.

IV.1. Analyseur de réseau

L'analyseur de réseau vectoriel permet de mesurer les paramètres S en module et en phase [II.7] et en particulier, le coefficient de réflexion en fonction de la fréquence, en comparant l'onde réfléchie par l'antenne et l'onde incidente dans le plan de référence imposé au cours du calibrage du dispositif. L'impédance d'entrée de l'antenne est déduite ensuite de l'évaluation du coefficient de réflexion S_{11}.

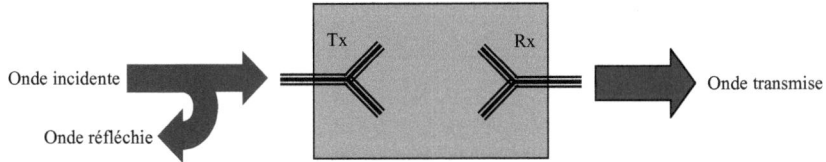

Figure II.5: Principe fondamental de l'analyseur de réseau

Chapitre II : Outils de modélisation et de mesure

Avant la caractérisation de l'antenne, une procédure précise de calibrage est indispensable pour corriger les erreurs systématiques dues à la mesure. Le calibrage utilisé est du type SOLT qui consiste en une mesure sur les étalons de court–circuit (S), de circuit ouvert (O) et de charge adaptée (L). Pour une structure à deux accès et après avoir effectué le calibrage SOL pour les deux ports, on ajoute une mesure en transmission (T). L'impédance de normalisation correspond à celle qui est mesurée sur la charge adaptée et qui est généralement égale à 50 Ohms.

L'analyseur de réseau utilisé pour la caractérisation des antennes conçues est de type WILTRON 360B.

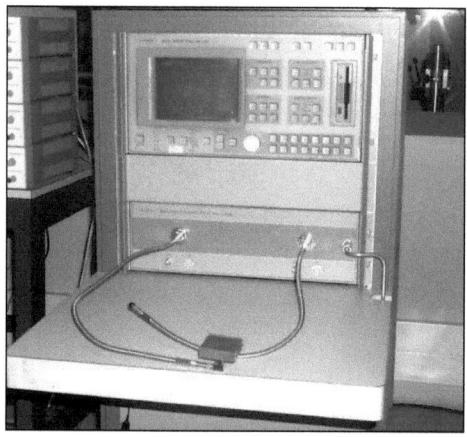

Figure II.6: Photographie de l'analyseur de réseau WILTRON 360B de l'IETR

IV.2. La chambre anéchoïde millimétrique

La chambre anéchoïde (figureII.7) est une base de mesure utilisée pour déterminer les caractéristiques de rayonnement des antennes millimétriques. Le système de mesure est composé de deux antennes : l'antenne mesurée fonctionne en régime d'émission et l'antenne de référence en réception (mesure en transmission).

Chapitre II : Outils de modélisation et de mesure

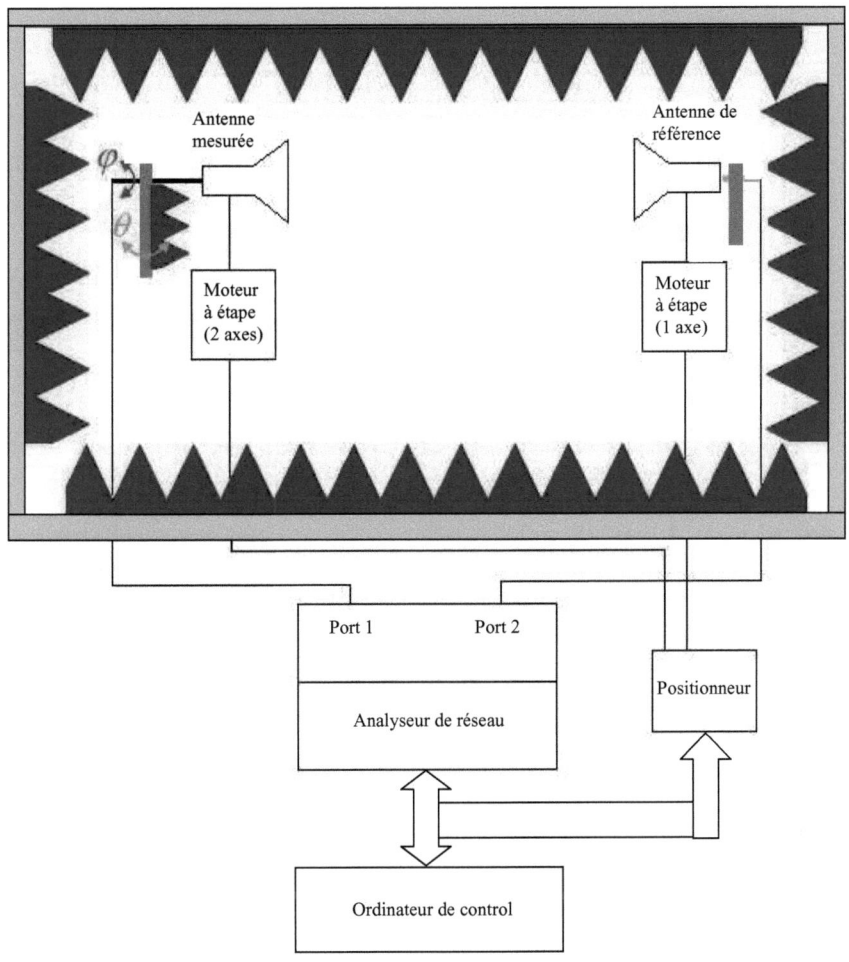

Figure II.7: Chambre anéchoïde millimétrique

Les deux antennes sont situées dans une chambre anéchoïde (figureII.7), dont les dimensions internes sans absorbants sont : L = 9,8 m, l = 3,5 m et h = 3 m. La distance émetteur/récepteur peut varier entre 1 et 7 m, ce qui permet d'effectuer des mesures en champ lointain. La bande de fonctionnement de cette base de mesure est de 18 à 110GHz et les connections utilisées pour alimenter les antennes sont de deux types : guide et coaxial.

Chapitre II : Outils de modélisation et de mesure

La chambre anéchoïde permet de mesurer les diagrammes de rayonnement en amplitude et en phase dans les domaines fréquentiel et temporel. En fait, l'antenne sous test (l'émetteur) est placée sur un plateau mobile autorisant une rotation, contrôlée par l'ordinateur, de 180° dans un axe et de 90° dans l'autre axe. L'antenne de référence (le récepteur) récupère une partie de l'énergie émise par l'antenne sous test. Les mesures obtenues caractérisent la répartition dans l'espace de la puissance rayonnée à grande distance. Si les deux antennes sont polarisées linéairement, on peut spécifier deux cas :

- Les polarisations principales des champs des deux antennes sont dans le même plan
  ⇒ Le diagramme de rayonnement mesuré correspond à la composante directe.

- Les polarisations principales des champs des deux antennes sont perpendiculaires
  ⇒ Le diagramme de rayonnement mesuré correspond à la composante croisée.

Pour mesurer le gain, on applique la technique des trois antennes qui est une méthode de comparaison de gains en utilisant un cornet étalon dont on connaît parfaitement son gain sur la bande de fréquences étudiée.

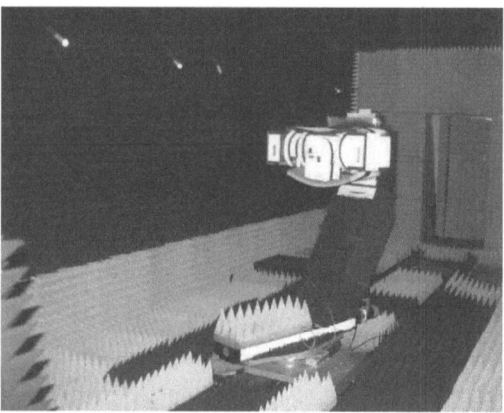

Figure II.8 : Photographie de la base de mesure champ lointain de l'IETR

V. Conclusion

Après un rappel des équations fondamentales de l'électromagnétisme, les principales méthodes de calcul numériques ont été introduites. Parmi ces méthodes présentées, la méthode des éléments finis basée sur une expression variationnelle du problème a été étudiée plus en détail. Elle est, en effet, celle qui est employée par l'outil de simulation utilisé (Ansoft– HFSS) pour la conception des structures développées dans les chapitres suivants.

Les moyens de mesure utilisés pour la caractérisation des antennes conçues, en champ proche et en champ lointain ont été également présentés.

Bibliographie

[II.1] K.S. YEE

"Numerical solution of initial boundary value problems involving Maxwell's equations in isotropic media"

IEEE Transactions on Antennas and Propagation, volume 14, n° 3, page(s): 302–307, Mai 1966.

[II.2] R. HARRINGTON

"Field computations by moment methods"
Mac Millan, 1968.

[II.3] R. PEREZ

"Handbook of electromagnetic compatibility: chapter 7, computational methods in electromagnetic compatibility"
Academic Press, page(s): 256–263, 1995.

[II.4] ANSOFT–HFSS

"Maxwell online help system – Technical notes"
Ansoft corporation, 1996–2001.

[II.5] D.G. SWANSON, W. J.R. HOEFER

"Microwave circuit modeling using electromagnetic field Simulation"
Artech House, 2003.

[II.6] A. GLAVIEUX, M. JOINDOT

" Communication numériques, Introduction"
Collection Pédagogique de Télécommunication, édition Masson, Mai 1996.

[II.7] IEEE Student Branch

" Principe de fonctionnement d'un analyseur de réseaux vectoriel "
Réunion technique, Janvier 2002.

Chapitre II : Outils de modélisation et de mesure

Chapitre III
Sources élémentaires

Chapitre III : Source élémentaire

Chapitre III : Source élémentaire

I. Introduction

Dans ce chapitre, les principales catégories des sources résonantes comme les fentes et les patchs rayonnants seront présentés. Nous citerons également les différentes techniques d'alimentation utilisées.

Des antennes fentes alimentées par guides d'ondes métalliques rectangulaires normalisés, sont ensuite proposées et réalisées afin de couvrir certaines bandes de fréquences, qui correspondent à plusieurs applications sans fil. Les antennes optimisées sont enfin validées par des mesures expérimentales.

II. Les sources résonantes

II.1. Les antennes microrubans [III.1] [III.2] [III.3]

L'élément rayonnant de dimensions réduites (de l'ordre de $\lambda/2$ à λ) peut être de forme arbitraire. Dans la pratique, il est souvent de géométrie simple tel un carré, un rectangle, un disque ou un anneau.

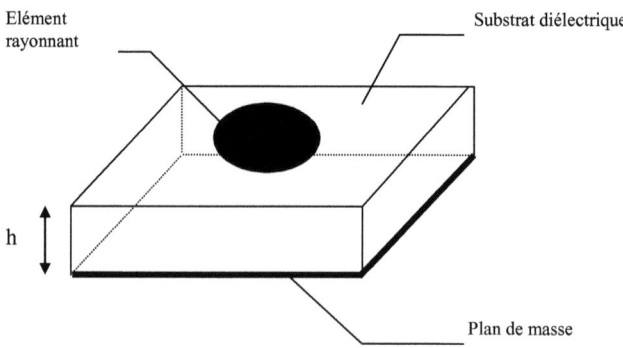

Figure III.1 : Présentation d'une antenne patch

Le substrat diélectrique de faible épaisseur (h << λ), sert de support à l'antenne, mais influe directement sur ses performances. On préférera des matériaux de faible permittivité ($\varepsilon_r < 3$), évitant ainsi le confinement des champs à l'intérieur de la cavité, et de faibles pertes diélectriques (tan δ ≤ 2.10^{-3}) favorisant un meilleur rendement.

Une méthode consiste à assimiler l'antenne à une cavité limitée par «deux murs électriques» horizontaux, formés par le plan de masse et l'élément rayonnant, et par des «murs magnétiques» transversaux à pertes.

II.2. Les fentes rayonnantes [III.4]

La fente rayonnante est une ouverture (environ λ/2) pratiquée dans un plan de masse considéré infini et excitée par un champ électromagnétique. La distribution du champ $\vec{E}$ est la plupart du temps uniforme au niveau de la surface de la fente.

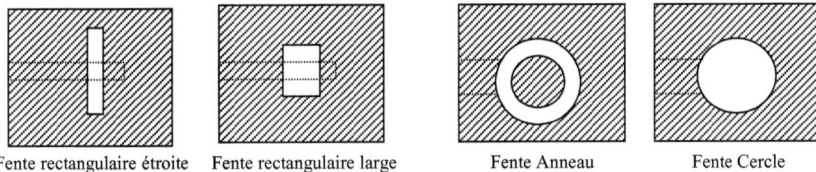

Fente rectangulaire étroite　　Fente rectangulaire large　　　　Fente Anneau　　　　　　Fente Cercle

Figure III.2: Géométrie des fentes rayonnantes

L'ouverture est généralement rectangulaire ou circulaire. Souvent une ligne de microruban imprimée sur la surface opposée permet d'amener l'énergie à l'élément rayonnant. La théorie des ouvertures [Annexe1] permet de calculer les champs rayonnés par une fente de forme quelconque [III.1] [III.5].

Notre choix a porté sur des fentes rayonnantes rectangulaires comme source élémentaires à cause de leurs simplicités d'usinage et leur comportement large bande.

III. Technique d'alimentation [III.6]

On distingue principalement cinq différentes techniques d'alimentations [Annexe 2] :
- Par sonde coaxiale
- Par ligne microruban
- Couplage de proximité
- Couplage par ouverture
- Par guide d'ondes

Les deux premières techniques sont faciles à fabriquer et à adapter mais elles sont limitées en bande passante. En comparaison avec ces deux techniques, le couplage de proximité a une bande passante plus large qui peut dépasser les 10% ; par contre sa fabrication est plus difficile. La technique de couplage par ouverture nécessite des structures multicouches, ceci rend la fabrication plus complexe.

Notre choix a porté sur la technique d'alimentation par guide d'ondes à cause de sa simplicité de fabrication, ses pertes limitées et son comportement large bande.

Alimentation par guide d'ondes :

a) Guide d'ondes métallique

La propagation dans le guide d'ondes rectangulaire métallique se fait par réflexions successives de l'onde électromagnétique sur les parois. Ainsi, si le champ $\vec{E}$ (respectivement le champ $\vec{H}$) est perpendiculaire à la direction de propagation un mode transverse électrique TE (respectivement transverse magnétique TM) est excité à l'intérieur du guide.

Le premier mode fondamental à l'intérieur du guide d'ondes rectangulaire métallique est le mode TE_{10} (si a>b) [Annexe3]. C'est en général ce mode que l'on cherche à véhiculer, sans exciter les modes d'ordre supérieur. Les répartitions du champ $\vec{E}$ et des lignes de courant du TE_{10} sont représentées sur la figure III.3.

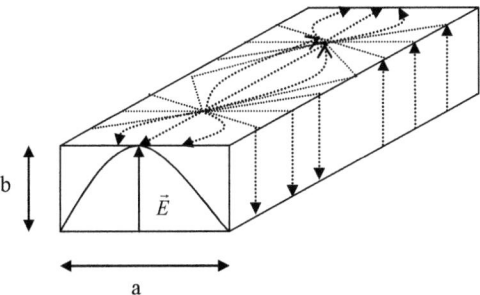

Figure III.3 : Lignes de courants sur les faces d'un guide rectangulaire

b) *Structure retenue*

Les guides d'ondes sont couramment employées comme support de transmission à faibles pertes. S'appuyant sur le principe des ondes progressives, des structures rayonnantes à guide utilisent des fentes pratiquées latéralement sur la paroi du grand côté. Une charge adaptée est généralement placée en bout du guide pour absorber la puissance résiduelle non rayonnée par les fentes [III.8] [III.9].

Les antennes réalisées en utilisant la technologie du circuit imprimé ont montré que la ligne microruban peut être source de pertes ainsi que de rayonnements parasites, ce qui a une incidence directe à la fois sur l'adaptation et sur le gain de l'antenne. Pour rester dans un contexte bas coût, une investigation sur une autre technique d'alimentation des antennes a été menée, en l'occurrence sur le guide d'ondes métallique, tout en réutilisant la technique des circuits imprimés. Les structures alimentées par guide d'ondes sont intéressantes par leurs performances[III.10], mais elles peuvent être parfois trop volumineuses pour certaines applications.

La montée en fréquences et les besoins en bande rendent cette solution peu pratique (structures volumineuses) et moins performante. Pour remédier à ces problèmes d'encombrement et de performances, nous proposons d'utiliser l'extrémité du guide pour accueillir les éléments rayonnants de l'antenne.

C'est cette technique d'alimentation que nous avons privilégié pour ses performances déjà présentées et sa compatibilité avec les fentes choisies comme des sources de rayonnement. Nous présentons maintenant la conception d'une antenne fente alimentée par guide d'ondes.

IV. Conception d'antenne fente alimentée par guide d'ondes

La géométrie de l'élément rayonnant peut se limiter à une simple ouverture pratiquée dans le plan de masse, qui peut être une plaque métallique, ou dans un plan de masse imprimé sur un substrat diélectrique, comme le montre la figure III.4.

Cette antenne sera utilisée comme source élémentaire pour alimenter des structures de focalisation qui seront présentées dans les chapitres IV et V. L'optimisation de la fente rayonnante constitue la première étape de conception des antennes proposées.

Les bandes de fréquence visées sont :

- La bande 27,5 – 42,5 GHz en utilisant le guide d'ondes normalisé WR–28.
- La bande 18 – 30 GHz en utilisant le guide d'ondes normalisé WR–42.

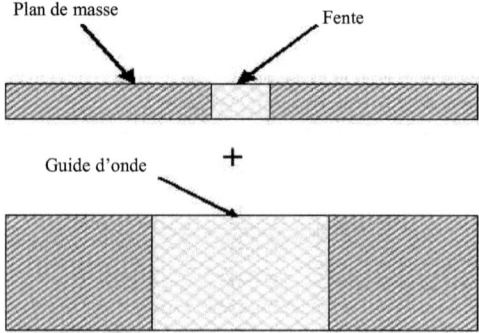

Figure III.4 : Fente rayonnante alimentée par guide d'ondes

Quelque règles générales doivent être prisent en compte pendant la modélisation et l'optimisation des structures étudiées :

- La longueur du guide d'ondes réalisé et utilisé comme support doit être supérieure à λ_g pour diminuer les effets de l'alimentation sur la fente rayonnante. Pour calculer λ_g, on applique la relation suivante :

$$\left(\frac{1}{\lambda_0}\right)^2 = \left(\frac{1}{\lambda_g}\right)^2 + \left(\frac{1}{\lambda_c}\right)^2 \qquad (III.1)$$

λ_g : longueur d'onde propagée dans le guide
λ_0 : longueur d'onde propagée dans l'air
λ_c : longueur d'onde de coupure (dépend de la géométrie du guide)

Pour le mode fondamentale TE $_{10}$, $\lambda_c = 2a$

- Pour diminuer l'effet d'un plan de masse de taille réduite, il faut avoir un plan de masse de taille assez grande sans toutefois augmenter sensiblement le temps de calcul, voire l'encombrement de l'antenne.
- Pour diminuer les réflexions secondaires dues aux conditions aux limites, la boîte de rayonnement introduite pendant la phase de calcul doit être assez grande (chapitre II).

a) La bande 27,5–42,5 GHz

La structure est constituée d'un guide d'ondes rectangulaire normalisé WR–28, de section $7,11 \times 3,56$ mm^2 et d'un plan de masse imprimé sur un substrat diélectrique de taille $50,8 \times 50,8$ mm^2 et d'épaisseur $0,127$ mm (Téflon $\varepsilon_r \approx 2,2$ et tg$\delta \approx 10^{-4}$). Au centre du plan de masse, on réalise une fente de longueur $L_f = 5$mm et de largeur $W_f = 3$mm qui déterminent les paramètres de l'antenne. Les choix à la fois du guide et des dimensions de la fente permettent de couvrir, à l'aide de la même antenne, les deux bandes du système LMDS aux Etats Unis (bande : 27,5 – 29,5 GHz) et en Europe (bande : 40,5 – 42,5 GHz).

Chapitre III : Source élémentaire

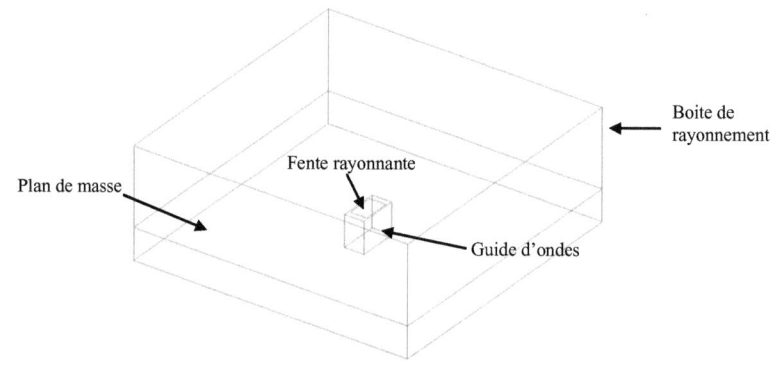

Figure III.5 : Modélisation de l'antenne fente alimentée par guide

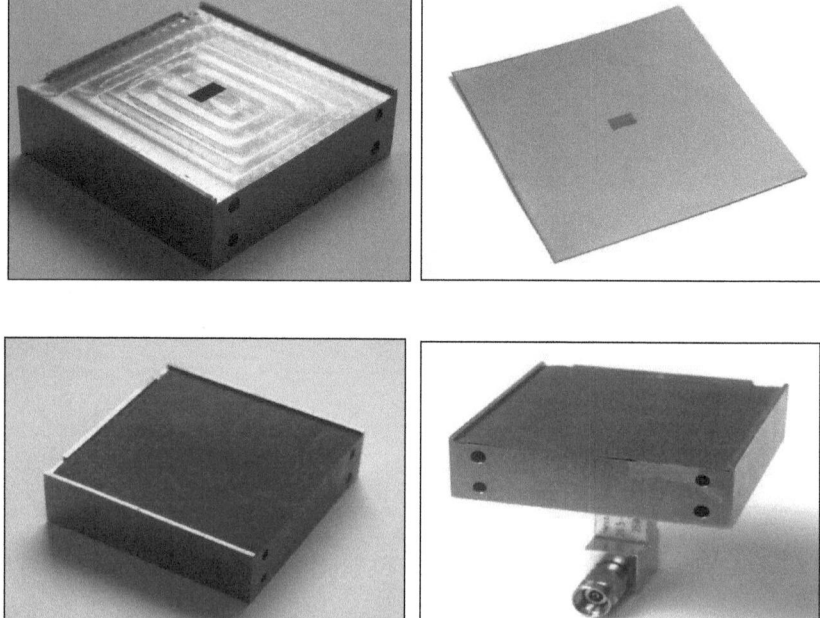

Figure III.6 : photographie de l'antenne fente alimentée par guide (WR–28) et de ses Composants

b) La bande 18–30 GHz

Pour cette bande on utilise la même structure que celle présentée dans le paragraphe précédent, en remplaçant le guide d'onde WR – 28 par le guide WR – 42 (la section de ce guide étant de 10,7×4,3 mm^2). Le plan de masse imprimé sur du téflon est de 78×78 mm^2 et d'épaisseur de 0,127 mm. La fente réalisée au centre du plan de masse a comme longueur L_f = 8mm et comme largeur W_f = 4mm. Cette structure optimisée peut être utilisée pour couvrir les bandes passantes descendante (18 – 19 GHz) et ascendante (28 – 29 GHz) des systèmes de communication multimédia entre une constellation de satellites en orbite basse.

Figure III.7 : photographie de l'antenne fente alimentée par guide (WR–42)

V. Performances et caractéristiques

V.1. Adaptation et bande passante

a) La bande 27,5 – 42,5 GHz

Afin d'optimiser les dimensions de la fente rayonnante pour améliorer l'adaptation, on a modifié sa longueur (figure III.8) et sa largeur (figure III.9). Les dimensions 5x3 mm^2 conduisent à une adaptation satisfaisante sur toute la bande 27 – 43 GHz (figure III.10). La mesure du coefficient de réflexion est réalisée après un calibrage de type SOL.

Les résultats de simulation et les mesures expérimentales sont reportés sur la figure III.10. L'accord entre les mesures et les simulations est bon. La faible différence observée entre la mesure et la simulation est principalement due à la transition coaxial – guide, utilisée pour alimenter l'antenne et qui n'était pas prise en compte pendant les simulations.

La fente rayonnante alimentée par guide d'onde présente une adaptation satisfaisante (inférieure à -10 dB) sur toute la bande étudiée de 27,5 à 42,5 GHz. Ce comportement large bande est dû au bon couplage entre le mode fondamental du guide d'ondes (TE_{10}) et le mode de la fente rayonnante, qui peut être considérée comme un transformateur d'impédance.

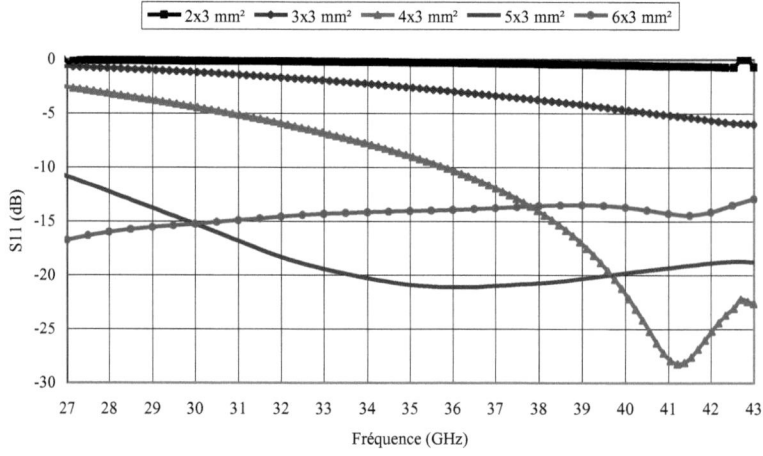

Figure III.8 : Calcul du coefficient de réflexion de la fente pour plusieurs longueurs

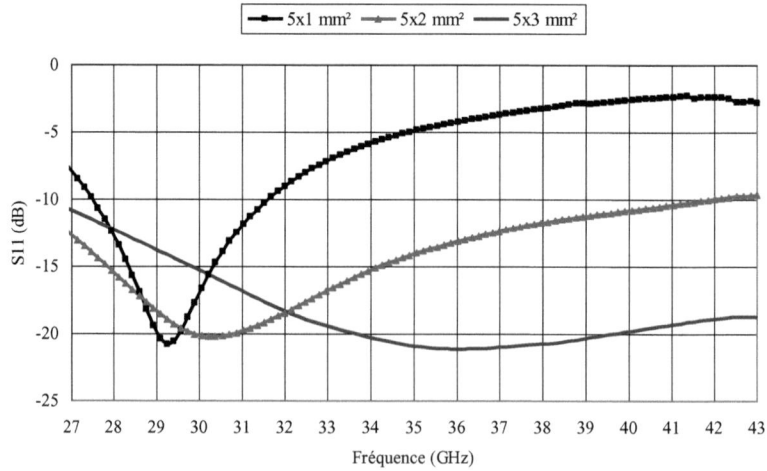

Figure III.9 : Calcul du coefficient de réflexion de la fente pour plusieurs largeurs

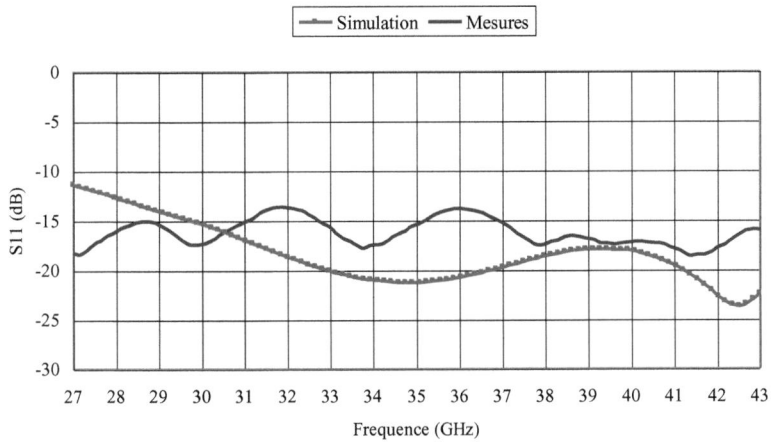

Figure III.10: Coefficient de réflexion de l'antenne fente

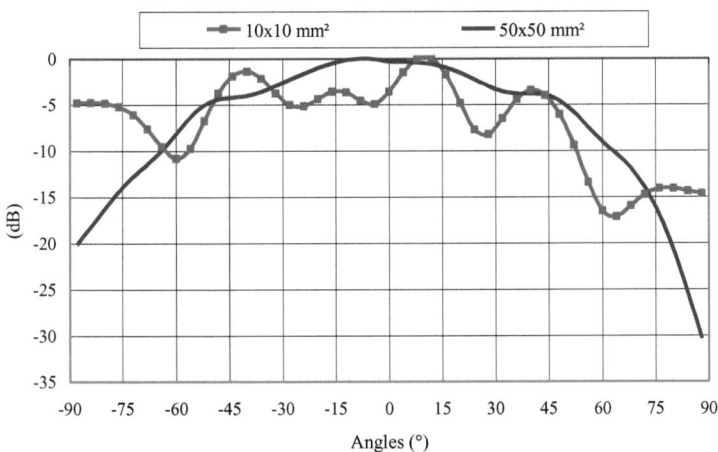

Figure III.11 : Diagramme de rayonnement de l'antenne fente alimentée par guide d'ondes (plan H) à 28,5 GHz

Sur la figure III.11, on présente l'effet de la taille du plan de masse sur le diagramme de rayonnement de l'antenne fente alimentée par guide d'ondes pour la fréquence 28,5GHz. On peut constater qu'un plan de masse de taille de l'ordre de 5 λ_0 nous offre un diagramme de rayonnement plus directif et avec des ondulations moindre par rapport à un plan de masse de taille de l'ordre de 1 λ_0.

b) La bande 18 – 30 GHz

Les effets des dimensions de la fente rayonnante sur l'adaptation sont présentés sur les figures III.12 et III.13. Les dimensions de la fente rayonnante retenue pour la réalisation sont 8x4 mm². Elles permettent de couvrir la totalité de la bande de fréquences demandée.

Les résultas de simulation et les mesures expérimentales sont reportés sur la figure III.14. L'accord entre les mesures et les simulations est bon. La faible différence observée entre la mesure et la simulation étant principalement due à la transition coaxial – guide comme dans le cas du guide WR – 28.

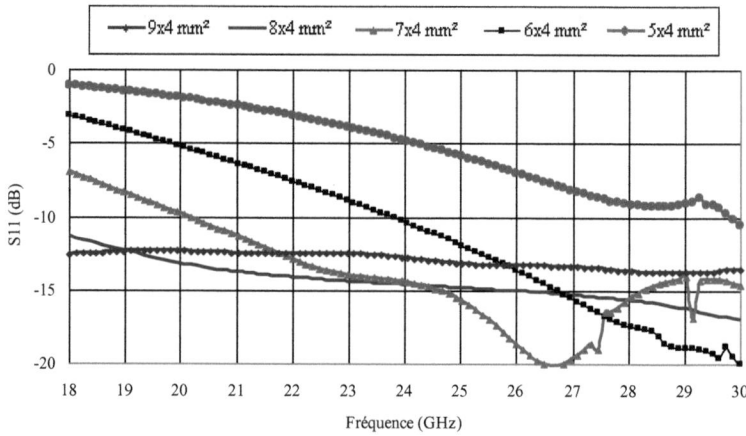

Figure III.12 : Calcul du coefficient de réflexion de la fente pour plusieurs longueurs

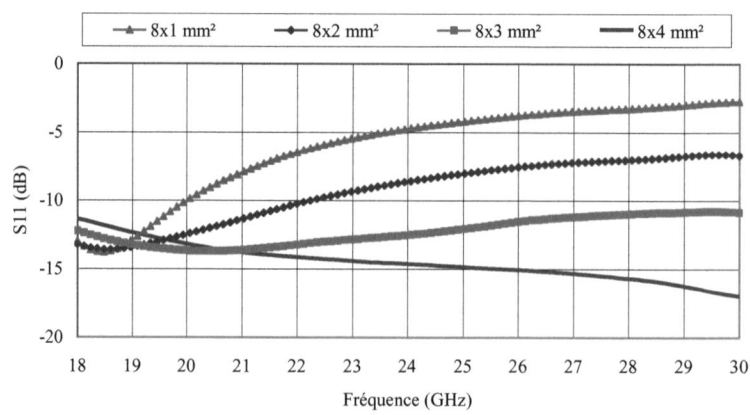

Figure III.13 : Calcul du coefficient de réflexion de la fente pour plusieurs largeurs

La fente rayonnante optimisée et alimentée par le guide d'ondes normalisé WR – 42, présente un comportement large bande qui couvre les fréquences de 18 – 30 GHz.

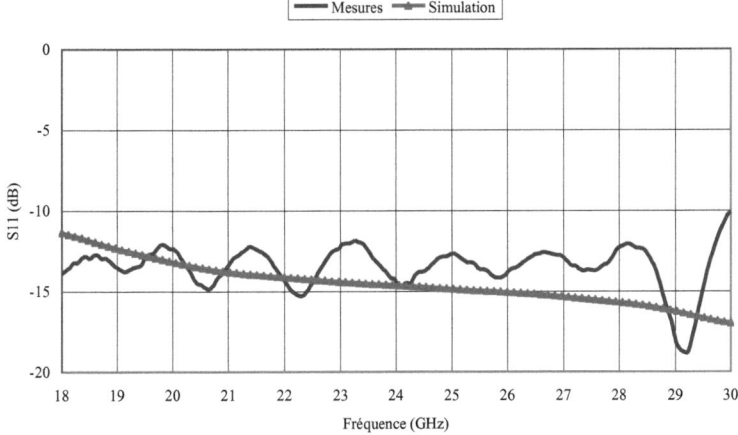

Figure III.14 : Coefficient de réflexion de l'antenne fente

V.2. Caractéristiques de rayonnement

a) La bande 27,5 – 42,5 GHz

Les diagrammes de rayonnement calculés et mesurés sont reportés à la figure III.15 et III.16 pour la fréquence centrale 35 GHz. L'ouverture à mi–puissance est de 57° dans le plan H et de 147° dans le plan E. La composante croisée est inférieure à -24 dB dans les deux plans principaux. Les mesures ont été réalisées en chambre champ lointain millimétrique de l'IETR (chapitre II).

L'ouverture du diagramme de rayonnement dans le plan H (le plan transversal à la fente) est satisfaisante, ce qui correspond bien à une fente de longueur de l'ordre de $\lambda_g/2$. Par contre, dans le plan E (le plan orthogonal à la fente), l'ouverture du lobe est très grande par l'effet de diffraction au niveau de la fente liée à sa faible largeur. L'ondulation, plus présente dans le plan E qu'en plan H, est essentiellement due à la finitude du plan de masse.

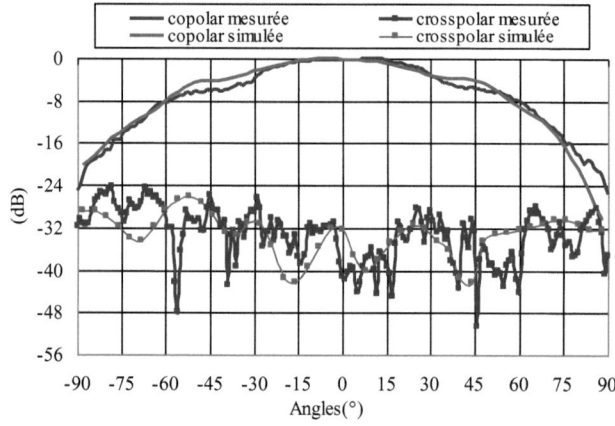

Figure III.15 : Diagramme de rayonnement de l'antenne fente dans le plan H à la fréquence 35 GHz

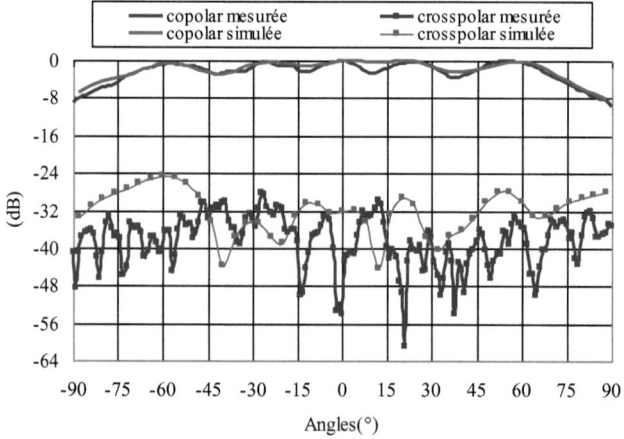

Figure III.16 : Diagramme de rayonnement de l'antenne fente dans le plan E à la fréquence 35 GHz

Le gain mesuré de l'antenne fente est présenté sur la figure III.17. Il varie entre 5 et 6 dBi sur les deux bandes du LMDS (27,5 à 29,5 GHz et 40,5 à 42,5 GHz). On peut remarquer le comportement très large bande de cette antenne. Les variations du gain sont dus principalement aux ondulations apparues sur les diagrammes de rayonnement présentés précédemment dans le plan H et le plan E.

Chapitre III : Source élémentaire

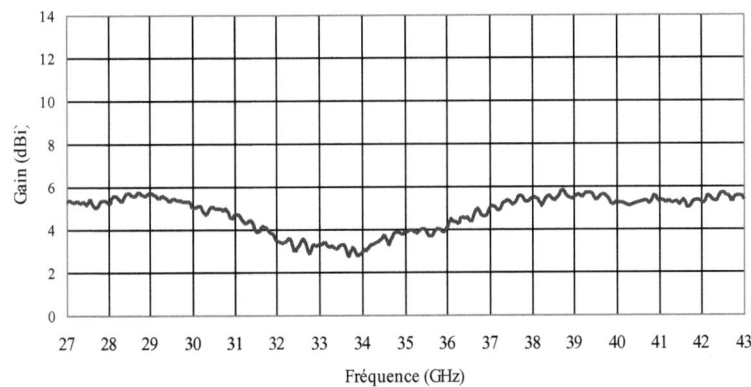

Figure III.17 : Gain de l'antenne fente

b) la bande 18 – 30 GHz

Sur les figures III.18 et III.19, on présente les digrammes de rayonnement calculés et mesurés de l'antenne fente alimentée par le guide d'ondes normalisé WR – 42 à la fréquence centrale 24GHz. L'accord entre calcul et mesure est bon.

L'ouverture à mi–puissance est de 46° dans le plan H et de 140° dans le plan E. La composante croisée est inférieure à -22 dB dans les deux plans principaux.

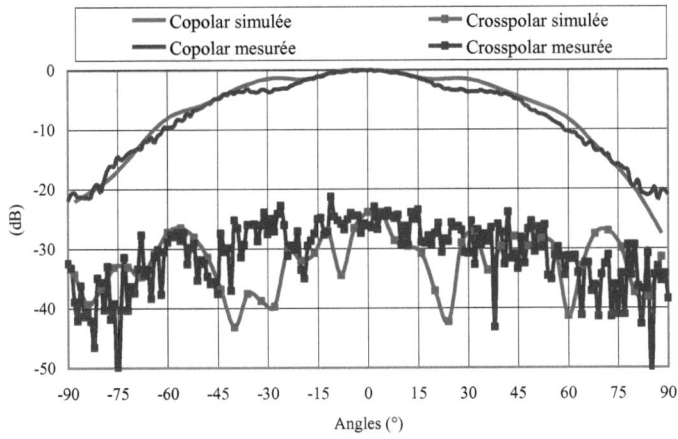

Figure III.18 : Diagramme de rayonnement de l'antenne fente dans le plan H à la fréquence 24 GHz

Chapitre III : Source élémentaire

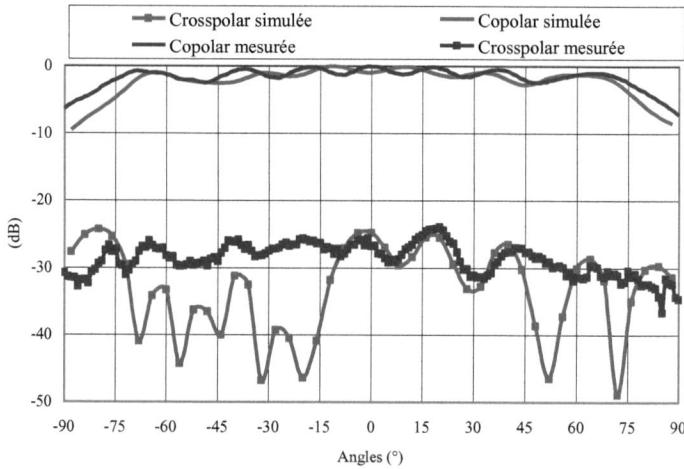

Figure III.19 : Diagramme de rayonnement de l'antenne fente dans le plan E à la fréquence 24 GHz

Sur la figure III.20, on présente le gain mesuré de l'antenne fente alimentée par le guide WR – 42. Sur la bande 18 – 19 GHz, il varie entre 8 et 10 dBi. Par contre, sur la bande 28 – 29 GHz, le gain oscille autour des 6 dBi. Les variations du gain sont dus principalement aux ondulations des diagrammes de rayonnement dans les deux plans H et E.

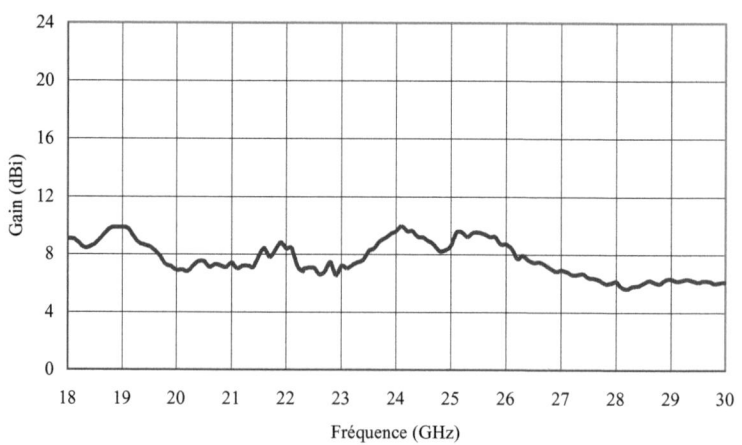

Figure III.20 : Gain de l'antenne fente

D'après les nombreux essais que nous avons menés pour l'optimisation des antennes à fente, on a pu tirer les remarques suivantes :

- La longueur de la fente décale la fréquence de résonance, de telle sorte que si on augmente cette longueur, la résonance se décale vers les basses fréquences, et vice versa.
- La largueur de la fente joue sur la bande passante de l'antenne et sur l'adaptation. Une fente plus large donne une large bande passante et une adaptation moindre.
- Si on enlève le diélectrique, la fréquence de résonance se décale vers les fréquences supérieures, la permittivité du diélectrique ayant diminuée. Ceci implique une augmentation de la longueur d'onde à λ_0.
- Si on élargit la taille du plan de masse, on peut améliorer le gain avec la même bande passante. Cette amélioration du gain est principalement due à une amélioration de la directivité de l'antenne.

VI. Conclusion

Au cours de ce chapitre, on a exposé les principales catégories des sources résonantes planaires et les différentes techniques d'alimentation utilisées.

Des antennes fentes alimentées par un guide d'ondes rectangulaire ont été analysées et optimisées pour un fonctionnement dans la bande 26 – 43 GHz, avec un coefficient de réflexion inférieur à -10 dB et un gain qui varie dans la bande entre 3 et 6 dBi.

D'autres antennes fentes ont également été optimisées pour des applications satellites dans la bande 18 – 30 GHz. L'antenne obtenue possède un comportement large bande et son gain moyen sur toute la bande est de 8 dBi.

Dans les deux chapitres suivants, on associera les antennes optimisées et validées à des structures de focalisation, comme les lentilles diélectriques, ou avec des structures BIE. Le but de ce mariage est d'accroître la directivité sans avoir recours à une mise en réseau.

Bibliographie

[III.1] P.F. COMBES

"Micro–ondes 2 : Circuits passifs, propagation, antennes"

Dunod, Paris, 1997.

[III.2] C.A. BALANIS

"Antenna theory : analysis and design – second edition"

John Wiley & Sons Interscience Publication, 1997.

[III.3] J.R. James, P.S. HALL, C. WOOD

"Microstrip Antenna Theory and Design"

IEE Electromagnetic Waves Series 12 – Peter Peregrinus LTD, 1981.

[III.4] I.J. BAHL, P. BAHARTIA

"Microstrip Antennas"

Artech House, Inc., 1980.

[III.5] S. SILVER

"Microwave Antenna theory and Design"

IEE reprint edition – Electromagnetic Waves Series 19 , Royaum Uni, 1984

[III.6] R. BESANCON

"Contribution de réseaux d'antennes imprimées à pointage électronique. Conception et réalisation de maquettes en bande C et Ka. "

Thèse de Doctorat – n° 47 – 97 – U.E.R. des Sciences – Université de Limoges – Mai 1997.

[III.7] P.F. COMBES

"Micro–ondes : Ligne, guides et cavités"

Dunod, Paris, 1996.

[III.8] Y.T. LO, S.W. LEE

"Antenna Handbook : Theory Applications and Design"

Van Nostrand Reinhold Company, New–York 1988.

[III.9] E. MARZOLF, M. DRISSI

"Waveguide–fed antennas for millimeter wave"

Microwave and Optical Technologies Letters, Vol. 35, N° 1, page(s) 71–73, 5 Octobre 2002.

[III.10] E. MARZOLF

"Etude de technologie d'antennes pour les applications millimétriques "

Thèse de Doctorat – n° 02 – 05 – Institut National des Sciences Appliquées de Rennes – Juillet 2002.

Chapitre IV
Antennes lentilles : Etude et conception

I. Introduction

La technologie des antennes lentilles représente une filière très intéressante pour répondre aux exigences des systèmes de télécommunication dans le domaine millimétrique, plus particulièrement pour les liaisons LMDS, les communications par satellites et les systèmes radar.

En effet, les antennes lentilles nous permettent d'atteindre nos objectifs au niveau du gain, de la bande passante et de l'adaptation. L'optimisation de la géométrie de la lentille d'une part, et des caractéristiques de rayonnement de la source primaire d'autre part, permet d'obtenir la directivité souhaitée.

Dans un premier temps, nous allons présenter cette technologie et ses différentes déclinaisons, en justifiant nos choix pour ces travaux.

Des antennes lentilles alimentées par fente rayonnante sont proposées et présentées dans ce chapitre. Les performances obtenues en terme d'adaptation et de caractéristique de rayonnement sont optimisées afin de répondre aux cahiers des charges du standard LMDS et du système de communication multimédia entre une constellation de satellites en orbite basse.

II. Les antennes lentilles

Les lentilles sont utilisées comme dispositif de focalisation de l'énergie électromagnétique rayonnée par une source primaire dans une direction donnée.

Les propriétés des lentilles connues dans le domaine optique peuvent être utilisées pour les antennes millimétriques, en se basant sur le principe de focalisation en mode de réception et de collimation en mode d'émission. En effet, on utilise une lentille dont le foyer image est à l'infini. La source ponctuelle est placée au foyer objet. Sur l'ouverture rayonnante, cela correspond à une onde plane incidente ou émise. Dans la suite de l'étude, seul le mode émission sera traité en vertu du principe de réciprocité entre les problèmes d'émission et de réception des antennes passives.

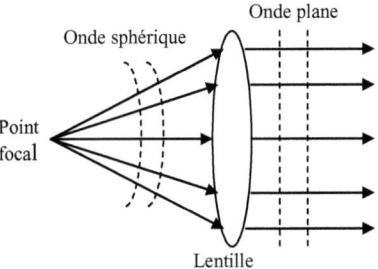

Figure IV.1 : Principe général des lentilles

III. Types de configuration de lentilles

Les principaux types de configuration de lentilles sont classés sous trois groupes [IV.I]:

- Classement par indice de réfraction
- Classement par nombre de source d'alimentation
- Classement par géométrie de l'ouverture

III.1. Classement par indice de réfraction

- *Indice de réfraction n>1*

En général, les lentilles conçues avec des matériaux diélectriques possèdent des indices de réfraction supérieurs à 1. Ce qui introduit un retard de phase de l'onde.

$$V_\varphi = \frac{c}{n} \quad (IV.1)$$

Où $V\varphi$ est la vitesse de phase et C la célérité de la lumière dans l'air. L'indice de réfraction n est donné par :

Chapitre IV : Antennes lentilles : Etude et conception

$$n = \sqrt{\varepsilon_r} \qquad (IV.2)$$

Le retard de phase est plus important au centre de la lentille que sur ses bords, parce que tout simplement l'épaisseur est plus grande au centre par rapport aux bords.

- ***Indice de réfraction n<1***

Pour ce type de lentilles, la vitesse de phase est supérieure à celle en espace libre. La conception de ces lentilles est complexe et coûteuse.

On peut obtenir ces lentilles en assemblant des plaques métalliques parallèles à l'axe de la lentille. Le principe de ces lentilles à indice de réfraction négatif est de contraindre l'énergie à se propager parallèlement à l'axe de la lentille.

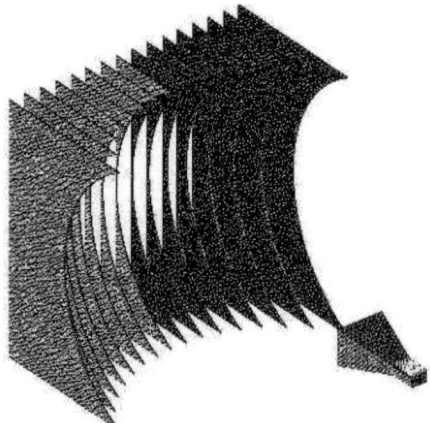

Figure IV. 2 : Lentille à contrainte

- ***Indice de réfraction inhomogène***

Ces lentilles ont un effet focalisateur grâce à la variation de l'indice de réfraction de celle–ci.

On peut trouver dans la littérature plusieurs configurations de lentilles à indice de réfraction inhomogène. Une des plus célèbre est la lentille de Luneberg présentée sur la figure IV.3. Il existe d'autres exemples comme par exemple les lentilles inhomogènes à épaisseur constante.

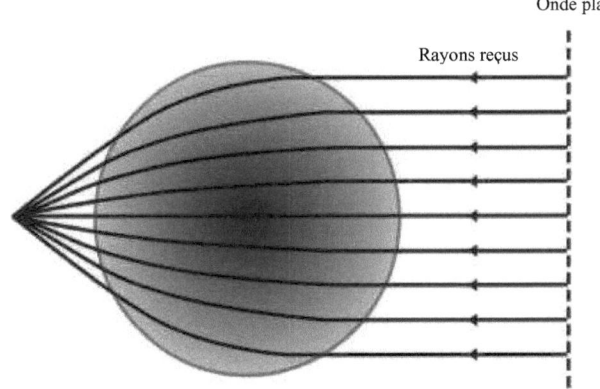

Figure IV. 3 : La lentille de Luneberg

III.2. Classement par nombre de source d'alimentation

- *Source unique*

Ce type de configuration est constitué d'une seule source qui illumine la lentille. Dans le cas le plus courant, on utilise des cornets comme source élémentaire. Pour obtenir des caractéristiques de rayonnement optimales et diminuer les pertes, il faut garder un angle d'ouverture spécifique afin de réduire les pertes par débordement (spillover) spécialement pour les cornets à grande ouverture. En fait, plusieurs solutions sont proposées, comme par exemple l'utilisation de très long cornet pour limiter l'ouverture angulaire.

Par contre, pour augmenter l'ouverture angulaire en utilisant un cornet convenable, on tend à placer la lentille directement à la sortie du cornet, comme par exemple l'antenne lentille présentée sur la figure IV.4. Cette photographie représente une antenne cornet lentille fabriquée par DORADO INTERNATIONAL CORPORATION [IV.2] et opérant dans la bande Ka.

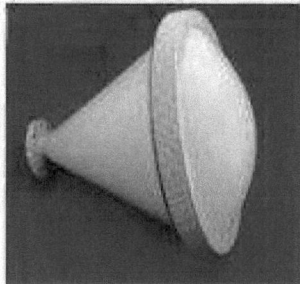

Figure IV. 4 : Antenne cornet lentille

- ***Sources multiples***

Ce type d'antennes est constitué d'un réseaux de sources élémentaires (des cornets par exemple), un circuit de distribution électronique utilisé pour la répartition et la commutation de la puissance d'alimentation sur les sources élémentaires et une lentille. Pour ce genre de configurations les sources élémentaires sont placées autour du point focal de la lentille.

On utilise cette topologie de source pour pouvoir effectuer un balayage angulaire des faisceaux et également pour contrôler la forme du diagramme de rayonnement. Les antennes lentilles à multiples faisceaux sont très utilisées dans les systèmes de télécommunication par satellites (figure IV.5) [IV.3].

Figure IV. 5 : Antenne lentille à multiples faisceaux

III.3. Classement par la géométrie de l'ouverture

- *Ouverture rectangulaire*

    Dans ce cas, la source élémentaire est linéaire, ce qui correspond à une ouverture rayonnante rectangulaire de la lentille. La focalisation se fait dans le plan transversal à l'axe de la source élémentaire.

- *Ouverture circulaire*

    Pour ce deuxième cas, la source élémentaire considérée ponctuelle est placée dans le point focal d'une lentille sphérique, qui est à symétrie de révolution autour de l'axe passant par son foyer. Ceci correspond à une ouverture circulaire de la lentille.

IV. Configuration des lentilles étudiées

Afin de déterminer la configuration des lentilles étudiées, on peut présenter les besoins des systèmes de télécommunication millimétriques visés. En effet, ces systèmes exigent des caractéristiques de rayonnement qui peuvent être résumées par les principaux points suivants :

- ➢ Fréquence de travail :
    - Entre 27,5 – 29,5 GHz et 40,5 – 42,5 GHz pour le système LMDS.
    - Entre 18 – 19 GHz et 28 – 29 GHz pour le système de communication spatial en orbite basse.
- ➢ Diagrammes de rayonnement :
    - Lobe central directif (inférieur à 15°)
    - Lobes secondaires à faible niveau
- ➢ Gain supérieur à 15 dBi
- ➢ Polarisation linéaire
- ➢ Structure compact avec une fabrication simple et à faible coût

Après l'étude de ces caractéristiques correspondant aux cahiers des charges des systèmes LMDS et du système de communication multimédia entre une constellation de satellites en orbite basse, le choix de la technologie des lentilles a été décidé.

L'utilisation de matériaux diélectriques naturels (n > 1) présente un choix convenable surtout dans le domaine des fréquences millimétriques, pour lequel le poids des lentilles et leurs volumes deviennent acceptables. Cela est de plus en plus vrai avec l'apparition de nouveaux matériaux diélectriques légers, à faibles pertes et à bas coût.

IV.1. Géométrie de la lentille étudiée

Les géométries des lentilles sont très diverses. Le choix de la géométrie des lentilles conçues doit être adaptée aux besoins et aux exigences des applications visées.

Pour nos applications nous nous sommes tournés vers les lentilles hémisphères étendues (Extended Hemispherical Lens) pour leurs nombreux avantages :

- ➢ La lentille (demi sphère) et la distance focale (cylindre) sont conçues en une seule pièce, en utilisant le même matériau diélectrique.
- ➢ La simplicité de l'usinage, réalisable en utilisant la technique du moulage, facilite la fabrication en série.
- ➢ La source élémentaire est en contact direct avec la lentille, ce qui permet d'éviter la réfraction des rayons en passant de l'air à la lentille et augmente la rigidité de la structure globale.
- ➢ Ce genre de lentilles élimine les ondes de surfaces des antennes intégrées, ce qui diminue les pertes et améliore le gain [IV.4].
- ➢ Les sources élémentaires optimisées et associées à des lentilles hémisphères étendues donnent de bonnes caractéristiques de rayonnement [IV.5].

Chapitre IV : Antennes lentilles : Etude et conception

IV.2. Méthodologie de conception

La méthodologie de conception des antennes lentilles étudiées est présentée sur la figure IV.6. L'organigramme suivant récapitule schématiquement les étapes appliquées pour l'optimisation des antennes lentilles afin d'atteindre les objectifs recherchés.

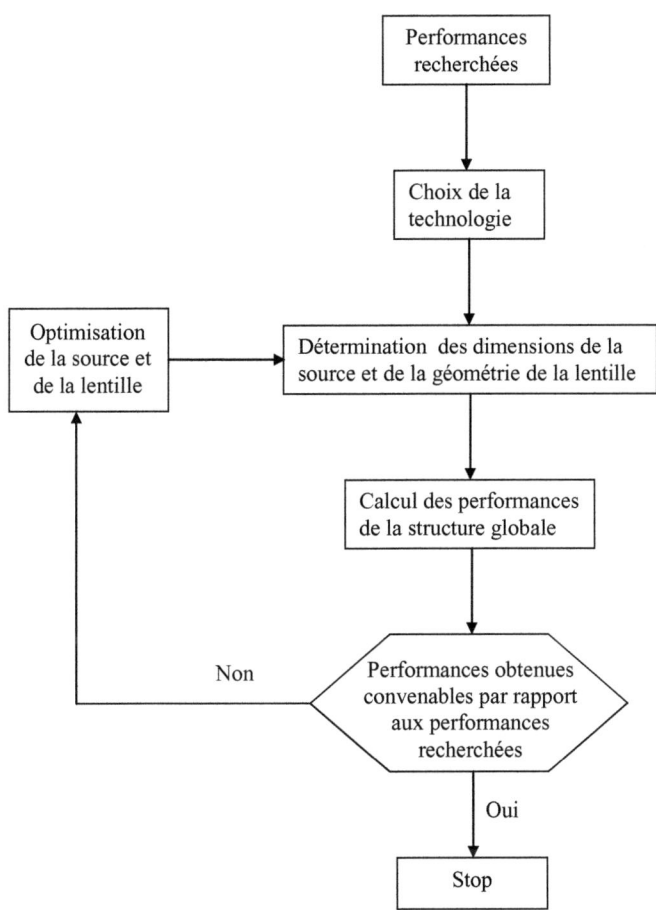

Figure IV. 6 : Organigramme de la méthodologie de conception des antennes lentilles étudiées

V. Principe de l'architecture

L'architecture des lentilles étudiées est basée sur deux des principes de l'optique géométrique : Le principe de la contrainte sur les chemins optiques et la loi de SNELL – DESCARTES. En fait, pour définir les paramètres de conception, nous avons appliqué l'optique géométrique sur les lentilles hémisphères étendues.

V.1 Paramètres de conception

Les lentilles étudiées et développées dans ce chapitre sont à symétrie de révolution. On peut donc s'intéresser seulement à une section de la lentille. Dans le cas étudié, on considère une lentille diélectrique avec une permittivité ε_r, illuminée par une source ponctuelle placée à l'origine d'un repère cartésien. La distance entre la source et la première surface de la lentille est F, l'épaisseur centrale de la lentille T, le diamètre de la lentille D. $n = \sqrt{\varepsilon_r}$ est l'indice de réfraction, θ_m l'angle d'illumination, L_1 la distance entre la source et S_1, L_2 la distance entre S_1 et S_2, L_3 la distance entre S_2 et P et $\Phi(r)$ est la phase sur l'ouverture équivalente. La section de la lentille étudiée est présentée sur la figure IV.7.

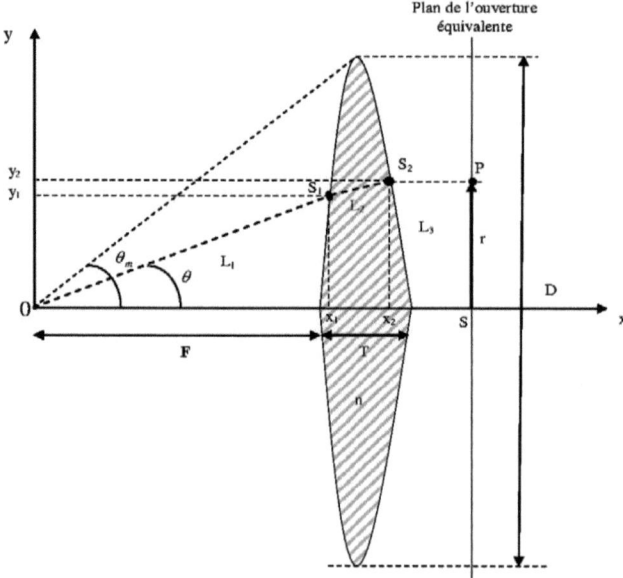

Figure IV. 7 : Géométrie de conception de la lentille étudiée

Sur la figure IV.7, on définit un plan orthogonal sur l'axe (OX) qui représente le plan de l'ouverture rayonnante équivalente de la lentille et qui est situé à une distance égale à S. La différence de trajet entre le chemin optique du rayon central et le chemin optique d'un rayon quelconque est égale à $\Phi(r)/k$, où $k = \dfrac{2\pi}{\lambda_0}$ (nombre d'onde). On peut décrire cette différence de trajet par la relation suivante :

$$L_1 + n L_2 + L_3 + \Phi(r)/k = F + n T + (S - T - F) \qquad (IV.3)$$

Où :
$$L_1 = \sqrt{x_1^2 + y_1^2} \qquad (IV.4)$$

$$L_2 = \sqrt{(x_2 - x_1)^2 + (y_2 - y_1)^2} \qquad (IV.5)$$

$$L_3 = \sqrt{(S - x_2)^2 + (r - y_2)^2} \qquad (IV.6)$$

Pour obtenir une distribution uniforme en phase, $\Phi(r)$ doit être égale à 0.

Le deuxième principe à prendre en compte est la loi de SNELL – DESCARTES. Elle décrit la réflexion et la réfraction d'un rayon optique passant entre deux milieux de permittivité diélectrique différente (figure IV.8), par les relations suivantes :

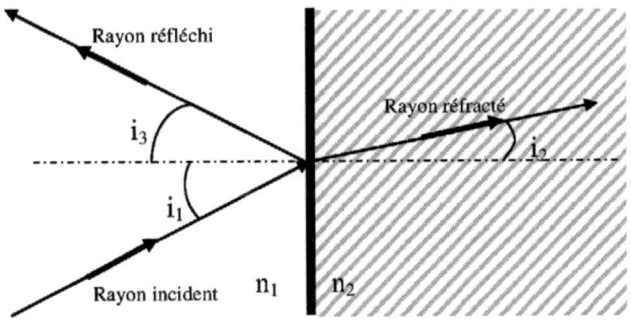

Figure IV. 8 : la loi de SNELL – DESCARTES

$$n_1 \sin i_1 = n_2 \sin i_2 \quad \text{et} \quad i_1 = i_3 \qquad (IV.7)$$

Pour le cas $n_2 < n_1$, on peut obtenir la réflexion totale pour l'angle de réfraction limite, donnée par la relation :

$$\sin i_{1\,max} = \frac{n_2}{n_1} \qquad (IV.8)$$

La pente au point S_1 (x_1, y_1) à la surface d'entrée de la lentille est calculée par la relation [IV.6] :

$$\frac{dy_1}{dx_1} = \frac{nL_1(x_2 - x_1) - L_2 x_1}{L_2 y_1 - nL_1(y_2 - y_1)} \qquad (IV.9)$$

La pente au point S_2 (x_2, y_2) à la surface de sortie est calculée par la relation :

$$\frac{dy_2}{dx_2} = \frac{L_2 - n(x_2 - x_1)}{n(y_2 - y_1)} \qquad (IV.10)$$

Les relations IV.9 et IV.10 peuvent être utilisées pour calculer les équations des surfaces de la lentille.

Après avoir déterminé la condition sur les chemins optiques et la loi de la réfraction sur la surface d'entrée de la lentille, l'étape suivante se limite au choix de la forme de la lentille parmi les différentes lentilles simples à surfaces analytiques. Il nous faudra également trouver les relations nécessaires pour la conception de la lentille hémisphérique étendue souhaitée.

V.2. Lentille simple à surface analytique

Une lentille simple est celle qui peut être décrite par des expressions analytiques, correspondant à sa surface d'entrée ou de sortie ou par les deux surfaces d'entrée et de sortie en même temps.

Il existe plusieurs configurations de lentilles simples à surface analytique. On peut citer les lentilles :

- à surface d'entrée hyperbolique et surface de sortie plane ;
- à surface d'entrée plane ;
- à surface d'entrée sphérique et surface de sortie ellipsoïdale ;
- à surface de sortie sphérique.

Le cas qui nous intéresse est le cas de la lentille à surface d'entrée plane, ce qui correspond à la surface d'entrée d'une lentille hémisphérique. Sur la figure IV.9, on présente une lentille à entrée plane et à sortie hyperbolique.

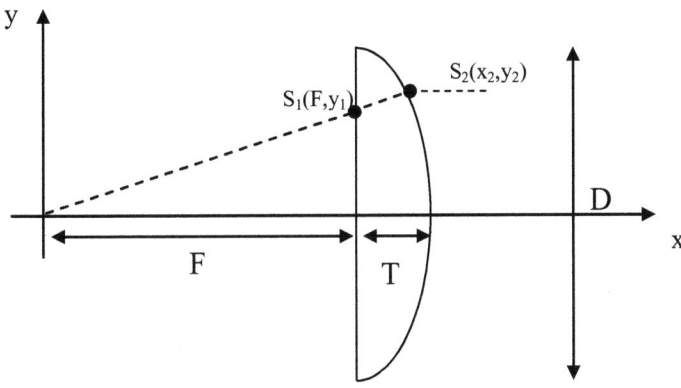

Figure IV. 9 : Lentille à entrée plane et à sortie hyperbolique

On peut remarquer que $x_1 = F$ et que la pente dans le point S_1 est égale à l'infini. En appliquant le principe de la contrainte sur les chemins optiques, on peut calculer les cordonnées du point S_2, en utilisant les relations suivantes [IV.6].

$$x_2 = \frac{\left[(n-1)T - \sqrt{F^2 + y_1^2}\right]\sqrt{(n^2-1)y_1^2 + n^2 F^2} + n^2 F\sqrt{F^2 + y_1^2}}{n^2\sqrt{F^2 + y_1^2} - \sqrt{(n^2-1)y_1^2 + n^2 F^2}} \qquad (IV.11)$$

$$y_2 = y_1\left[1 + \frac{x_2 - F}{\sqrt{(n^2-1)y_1^2 + n^2F^2}}\right] \quad \text{(IV.12)}$$

L'épaisseur centrale de cette lentille peut être calculée par la relation suivante :

$$T = \frac{\sqrt{4F^2 + D^2} - 2F}{2(n-1)} \quad \text{(IV.13)}$$

Pour une lentille hémisphérique présentée sur la figure IV.10, on peut déduire le rapport $\frac{F}{D}$ (distance focale / diamètre), en utilisant l'équation IV.13, sachant que pour un hémisphère :

$$T = \frac{D}{2} \quad \text{(IV.14)}$$

On trouve alors la relation suivante :

$$\frac{F}{D} = \frac{1-(n-1)^2}{4(n-1)} \quad \text{(IV.15)}$$

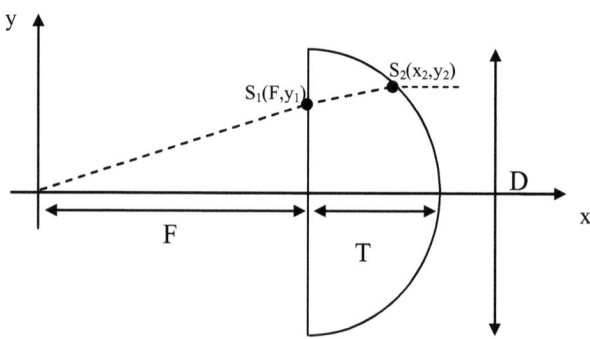

Figure IV. 10 : Lentille hémisphérique

En appliquant la relation précédente, on peut calculer le rapport $\frac{F}{D}$ après avoir choisi le matériau diélectrique utilisé pour l'usinage de la lentille.

VI. Conception de l'antenne lentille

Les antennes lentilles optimisées et réalisées dans ce chapitre sont constituées d'une antenne fente alimentée par guide d'onde associée à une lentille diélectrique hémisphérique étendue. La structure de l'antenne lentille alimentée par fente rayonnante est présentée sur la figure IV.11.

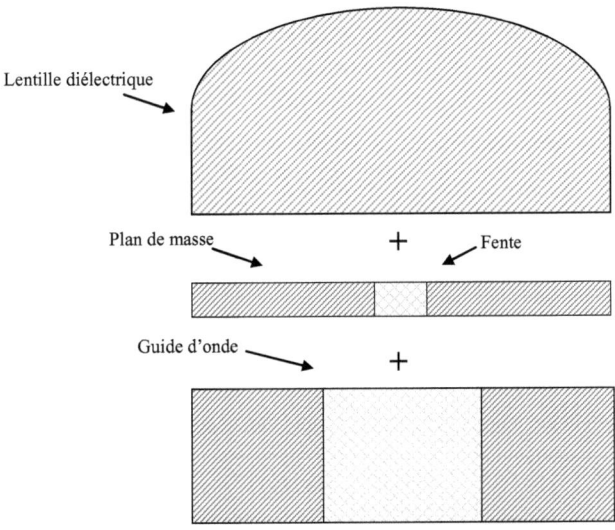

Figure IV. 11 : Structure de l'antenne lentille alimentée par fente rayonnante

Les paramètres géométriques de la lentille hémisphérique étendue sont principalement le diamètre D et la distance focal F.

Le gain dans l'axe de la lentille peut être calculé par la relation suivante[IV.7] :

$$G = \frac{4\pi S}{\lambda^2} K_1 K_2 K_3 K_4$$

Chapitre IV : Antennes lentilles : Etude et conception

- S : Surface de l'ouverture rayonnante équivalente
- K_1 : coefficient correspondant aux pertes par apodisation
- K_2 : coefficient correspondant aux pertes par débordement
- K_3 : coefficient correspondant aux pertes par polarisation croisée
- K_4 : coefficient regroupant les pertes par réflexions

Normalement, le diamètre de la lentille doit être suffisamment grand, de l'ordre de 20 λ_0 [IV.8] [IV.9] [IV.10] [IV.11] pour obtenir un niveau de gain important. Par contre, la structure sera encombrante au niveau du poids et du volume et le temps de calcul sera important en particulier dans le domaine des fréquences millimétriques. Afin d'obtenir une antenne lentille compacte et pour diminuer le temps d'optimisation de la structure, on applique un critère moins rigoureux [IV.12] [IV.13] pour lequel D est de l'ordre de 10 λ_g.

Pour calculer la distance focale F, on applique la relation IV.15 après avoir déterminé le diamètre et le matériau diélectrique pour la conception de la lentille. Dans le cas d'une lentille hémisphérique étendue, on multiplie la distance focale calculée par l'indice de réfraction n.

Pour la réalisation de la lentille, on a choisi un matériau plastique classiquement utilisé pour ce genre d'application : le Rexolite1422 [IV.8]. C'est un diélectrique de permittivité ε_r = 2,53 présentant les avantages suivants :

- Faible facteur de dissipation : tg $\delta \approx 2.10^{-4}$
- Facilité d'usinage
- Léger (densité = 1,05)
- Rigide : ce matériau est facilement usinable.
- Stabilité dimensionnelle en milieu humide.
- Stabilité thermique jusqu'à 100°C.

La conception des antennes lentilles sera réalisée pour les applications LMDS (27,5 – 42,5 GHz) et communication multimédia entre une constellation de satellites en orbite basse (18 – 30 GHz).

Chapitre IV : Antennes lentilles : Etude et conception

a) *La bande 27,5 – 42,5 GHz*

La structure est constituée de l'antenne fente alimentée par le guide d'onde normalisé WR–28 présenté dans le chapitre III. Sur cette antenne fente, on ajoute un élément de focalisation (lentille diélectrique) afin d'améliorer le gain de directivité de l'antenne élémentaire pour pouvoir répondre aux exigences du système de télécommunication LMDS.

Sur les figures IV.12 et IV.13, on présente le modèle et la maquette de l'antenne fente associée à une lentille diélectrique. D'une manière générale, la lentille de focalisation est placée en zone de champ intermédiaire de la source rayonnante, ce qui permet souvent de pratiquer une segmentation lors de la modélisation de l'antenne et de sa lentille.

La structure de focalisation est composée d'un cylindre, placé au voisinage immédiat de l'élément rayonnant et d'une demi–sphère diélectrique. Il en résulte que seule une approche globale serait capable de prédire le comportement électromagnétique de l'antenne.

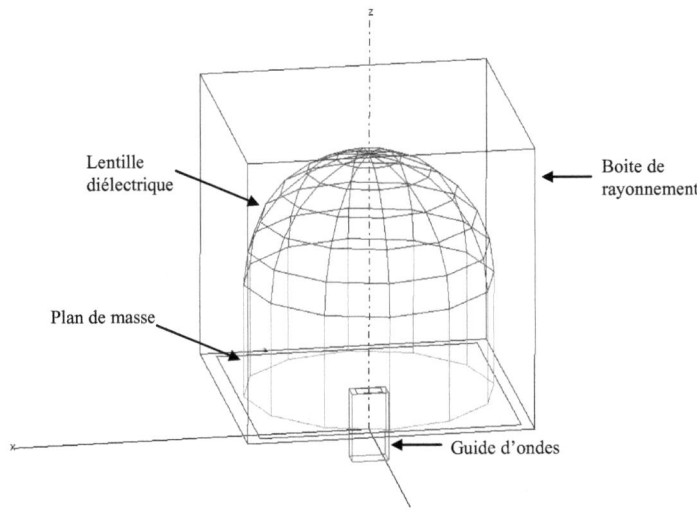

Figure IV. 12 : Modélisation de l'antenne lentille associée à la fente rayonnante

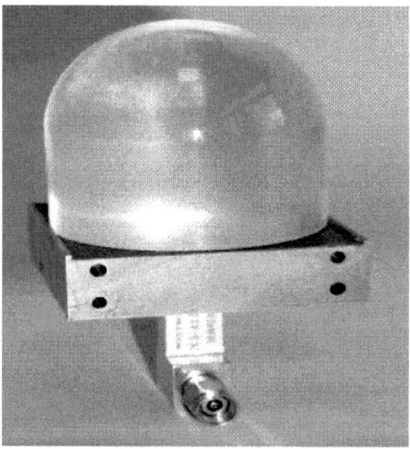

Figure IV. 13 : Photographie de la lentille associée à la fente rayonnante alimentée par guide (WR–28)

Les paramètres de la lentille diélectrique étudiée sont :

- Diamètre de la lentille : D = 48,8 mm.
- Distance focale : F = 22mm.
- Epaisseur centrale = 24,4 mm.
- Angle d'ouverture θ_m = 48°.
- La surface d'entrée est plane et la surface de sortie est sphérique.
- Le matériau choisi est le Rexolite 1422.

La lentille a été usinée à l'atelier mécanique de l'INSA de Rennes.

b) La bande 18–30 GHz

Pour cette bande, on applique les mêmes bases de conception utilisées pour la lentille précédente. Le guide d'ondes utilisé pour alimenter la source élémentaire (la fente rayonnante) est le guide normalisé WR–42, présenté dans le chapitre III.

La structure globale a été optimisée pour couvrir les bandes passantes descendante (18 – 19 GHz) et ascendante (28 – 29 GHz) des systèmes de communication multimédia entre une constellation de satellites en orbite basse.

Figure IV. 14 : Photographie de la lentille associée à la fente rayonnante alimentée par guide (WR–42)

Les paramètres de la lentille diélectrique étudiée sont :

- Diamètre de la lentille : D= 78 mm.
- Distance focale : F= 35 mm.
- Epaisseur centrale = 39 mm.
- Angle d'ouverture θ_m = 48°.
- La surface d'entrée est plane et la surface de sortie est sphérique.
- Le matériau choisi est le Rexolite 1422.

La lentille a également été usinée à l'atelier mécanique de l'INSA de Rennes.

VII. Performances et caractéristiques

VII.1 Adaptation et bande passante

a) *La bande 27,5 – 42,5 GHz*

Les résultats de simulation et de mesures expérimentales du coefficient de réflexion sont présentés sur la figure IV.15. L'accord est jugé bon. La taille de la structure simulée ne nous a pas permis de pratiquer un maillage suffisamment fin dans toute la bande ce qui explique en bonne partie les différences observées entre la mesure et la simulation. En effet, plus on monte en fréquence plus le maillage se raffine, le temps de simulation augmente et les stations de calcul doivent être sophistiquées. A noter que la transition coax–guide n'est pas prise en compte pendant les simulations. Ceci peut être une raison supplémentaire expliquant la différence entre mesures et simulation.

Pour un seuil de coefficient de réflexion inférieur à -10 dB, l'adaptation de l'antenne lentille est satisfaisante et peut couvrir les deux bandes passantes du standard LMDS : 27,5 – 29,5 GHz aux Etats Unis et 40,5 – 42,5 GHz en Europe. On peut même remarquer le comportement large bande de cette antenne dû à la fente rayonnante qui possède le même type de comportement. En effet, on peut dire que l'ajout de la lentille diélectrique a peu dégradé les performances de la source élémentaire au niveau de l'adaptation.

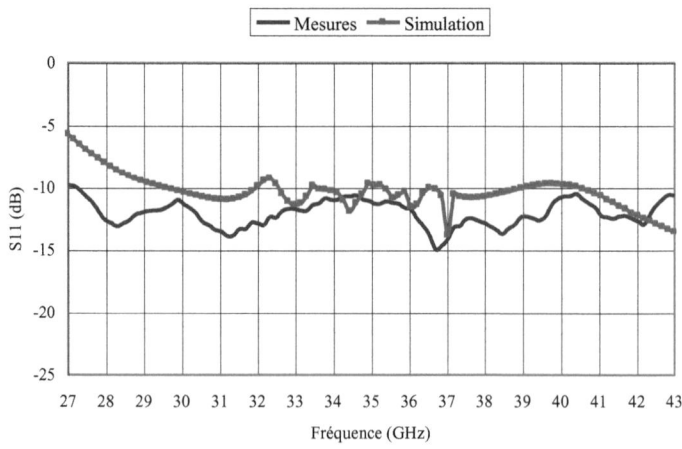

Figure IV.15 : Coefficient de réflexion de l'antenne lentille dans la bande 27,5 – 42,5 GHz

b) La bande 18–30 GHz

Le coefficient de réflexion sur la bande 18 – 30 GHz est présenté sur la figure IV.16. Les différences entre mesures et calculs sont dus au faible taux de maillage appliqué pendant les simulations et la transition coaxial – guide non prise en compte en simulation. L'antenne lentille obtenue présente une bonne adaptation sur toute la bande étudiée.

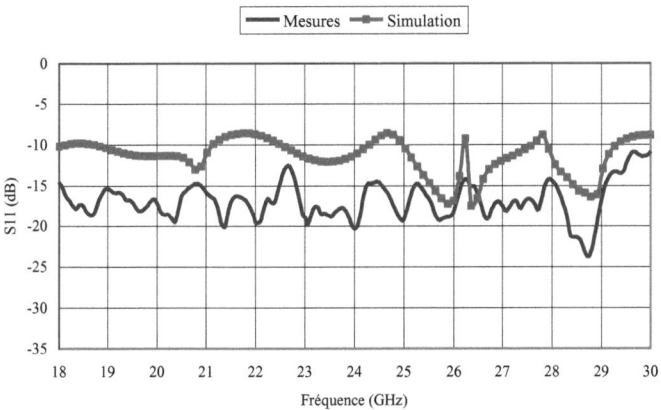

Figure IV.16 : Coefficient de réflexion de l'antenne lentille dans la bande 18 – 30 GHz

VII.2 Caractéristiques de rayonnement

a) La bande 27,5– 42,5 GHz

Les résultats de la simulation globale sont présentés sur les figures IV.17 et IV.18. Les mesures en champ lointain sont reportées sur les mêmes figures. La taille de la structure simulée ne nous a pas permis de pratiquer un maillage suffisamment fin dans toute la bande ce qui explique en bonne partie les différences observées entre la mesure et la simulation. Nous avons également étudié la sensibilité des résultats en variant la distance focale. Une variation de 1 à 2 mm ne modifie pas les diagrammes de rayonnement. En revanche, le dépointage remarqué du diagramme de rayonnement est dû à l'alignement du montage lors de la mesure dans la chambre anéchoïde. L'ouverture à mi–puissance est de 13° et la composante croisée est inférieure à -30dB dans les deux plans principaux pour la fréquence centrale de la bande 27,5 – 29,5 GHz. Les lobes secondaires sont à -20 dB dans le plan H et à -10 dB dans le plan E. La directivité maximale atteint les 23,8 dB.

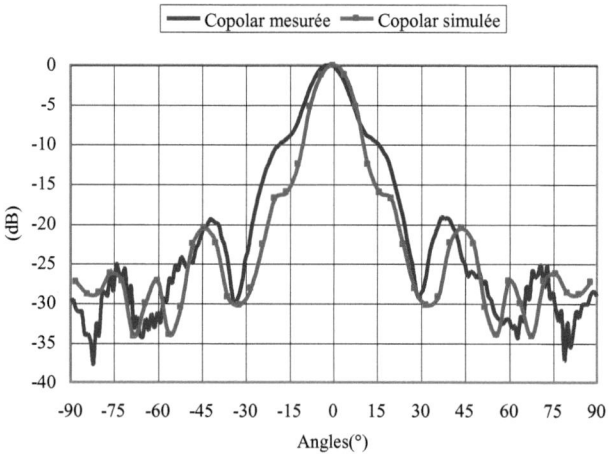

Figure IV.17 : Diagramme de rayonnement de l'antenne lentille alimentée par le guide WR–28 dans le plan H pour la fréquence 28,5 GHz

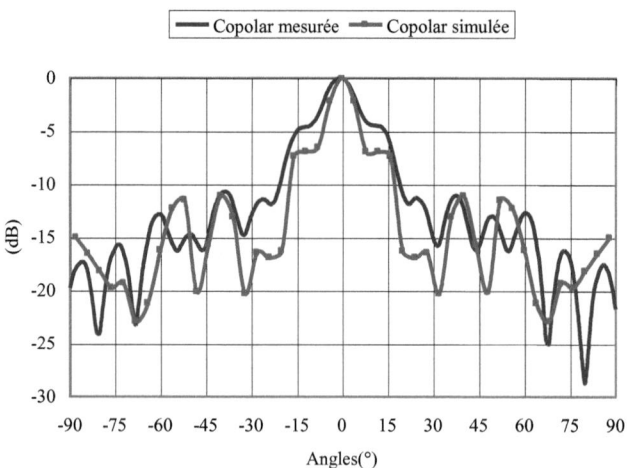

Figure IV.18 : Diagramme de rayonnement de l'antenne lentille alimentée par le guide WR–28 dans le plan E pour la fréquence 28,5 GHz

Pour la fréquence centrale de la bande 40,5 – 42,5 GHz, les résultats de mesure et de simulation sont présentés sur les figures IV.19 et IV.20. L'accord est jugée satisfaisant. L'ouverture à mi–puissance est de 9° dans le plan H et 12° dans le plan E et la composante croisée est inférieure à -30dB. Les lobes secondaires sont inférieurs à -20 dB dans les deux plans principaux. La directivité maximale atteint les 25,8 dB.

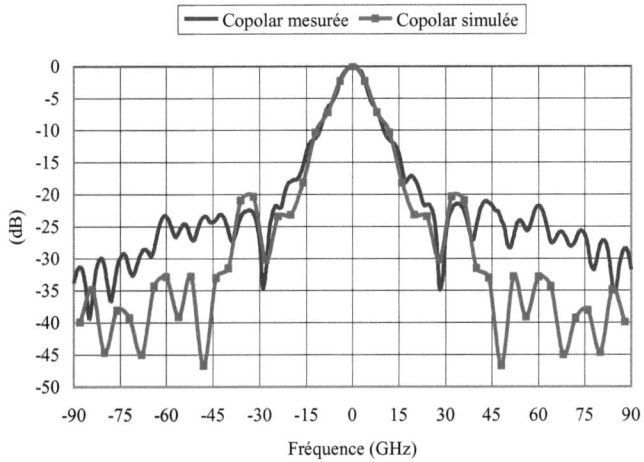

Figure IV.19 : *Diagramme de rayonnement de l'antenne lentille alimentée par le guide WR–28 dans le plan H pour la fréquence 41,5 GHz*

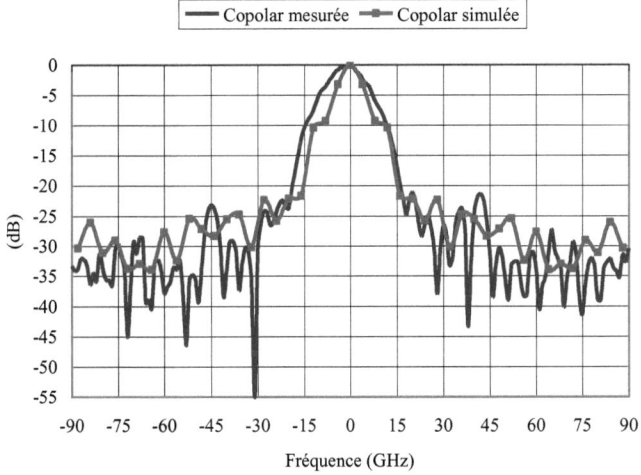

Figure IV.20 : Diagramme de rayonnement de l'antenne lentille alimentée par le guide WR–28 dans le plan E pour la fréquence 41,5 GHz

Chapitre IV : Antennes lentilles : Etude et conception

Le gain de l'antenne qui est présenté sur la figure IV.21, a été mesuré par la technique des trois antennes. L'ajout de la lentille diélectrique a amélioré le gain de 13 à 15 dB par rapport à l'antenne fente présentée dans le chapitre III. En fait, le gain de cette antenne atteint les 18 dBi et son ondulation n'excède pas les deux décibels sur toute la bande 27 – 43 GHz. Le rendement de l'antenne varie entre 15 et 20%.

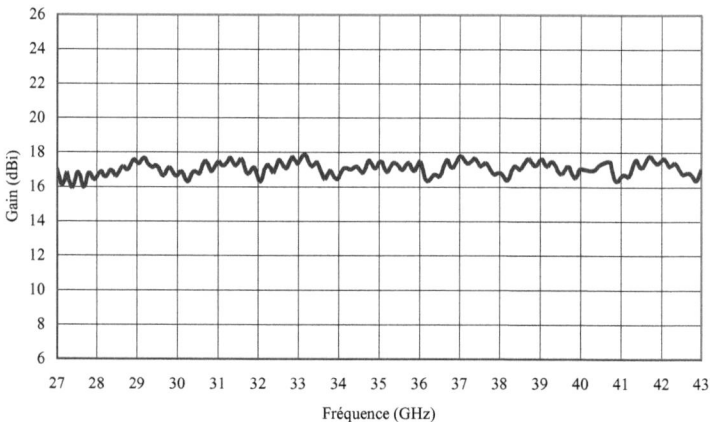

Figure IV.21 : Gain mesuré de l'antenne lentille alimentée par le guide WR–28

Dans la bande 27 – 43 GHz et d'après les résultats de simulation validés par des mesures expérimentales, on peut constater que l'association des antennes fentes et des structures de focalisation a permis l'amélioration de la directivité et du gain dans pratiquement toute la bande du guide.

b) *La bande 18–30 GHz*

Sur les figures IV.22 et IV.23, on présente les diagrammes de rayonnement calculés et mesurés de l'antenne lentille alimentée par le guide d'ondes WR–42, à la fréquence 18,5 GHz.

L'accord entre les simulations et les mesures est bon. L'ouverture à mi–puissance est de 11,5 ° dans le plan H et de 10,5° dans le plan E. La composante croisée est inférieure à -20 dB dans les deux plans principaux. Les lobes secondaires sont inférieurs à -20 dB dans le plan H ; par contre, dans le plan E ils remontent jusqu'à -15 dB. Ceci est dû à la largeur limitée de la fente rayonnante et aux ondulations du diagramme de rayonnement de la source dans ce plan. La directivité maximale de l'antenne est de 20,8 dB.

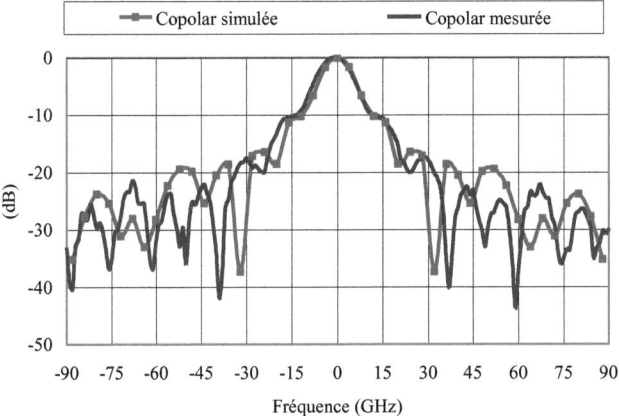

Figure IV.22 : Diagramme de rayonnement de l'antenne lentille alimentée par le guide WR–42 dans le plan H pour la fréquence 18,5 GHz

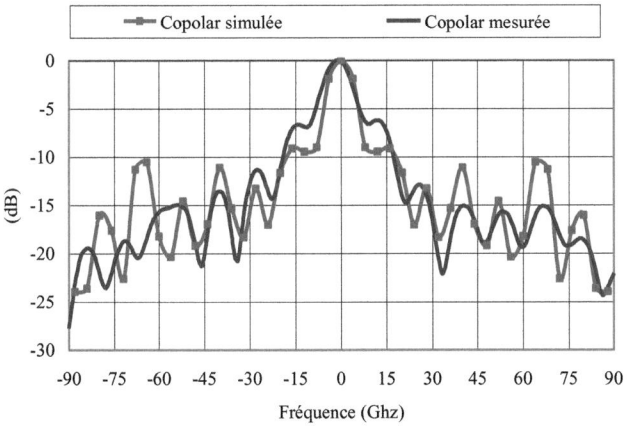

Figure IV.23 : Diagramme de rayonnement de l'antenne lentille alimentée par le guide WR–42 dans le plan E pour la fréquence 18,5 GHz

A la fréquence 28,5 GHz, les diagrammes de rayonnement calculés et mesurés dans le plan H et le plan E sont présentés sur les figures IV.24 et IV.25. Dans les deux plans principaux, l'ouverture mi–puissance est de 10° et la composante croisée est inférieure à -20 dB. Les lobes secondaires sont inférieurs à -20 dB dans le plan H et à -15 dB dans le plan E. La directivité maximale de l'antenne est de 26,2 dB. La différence entre calculs et mesures est due au maillage limité appliqué pendant les simulations.

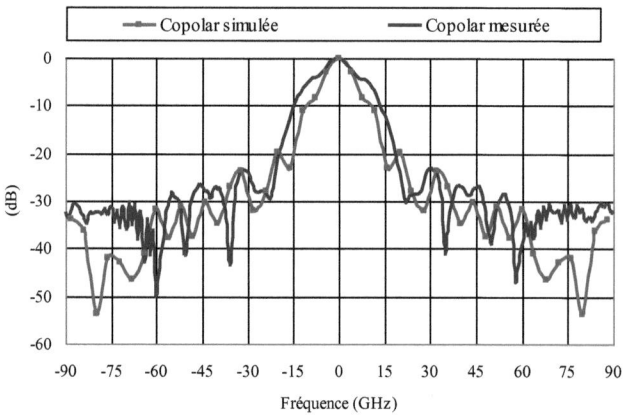

Figure IV.24 : Diagramme de rayonnement de l'antenne lentille alimentée par le guide WR–42 dans le plan H pour la fréquence 28,5 GHz

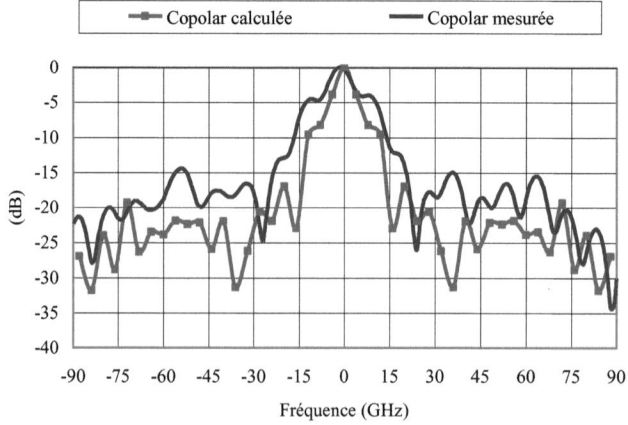

Figure IV.25 : Diagramme de rayonnement de l'antenne lentille alimentée par le guide WR–42 dans le plan E pour la fréquence 28,5 GHz

Le gain de l'antenne sur toute la bande 18 – 30 GHz est présenté sur la figure IV.26. Il varie entre 21 et 22 dBi sur la bande 18 – 19 GHz et entre 18 et 19 dB sur la bande 28 –29 GHz. La différence de gain est due aux diagrammes de rayonnement qui sont plus ouvert à la fréquence 28,5 GHz.

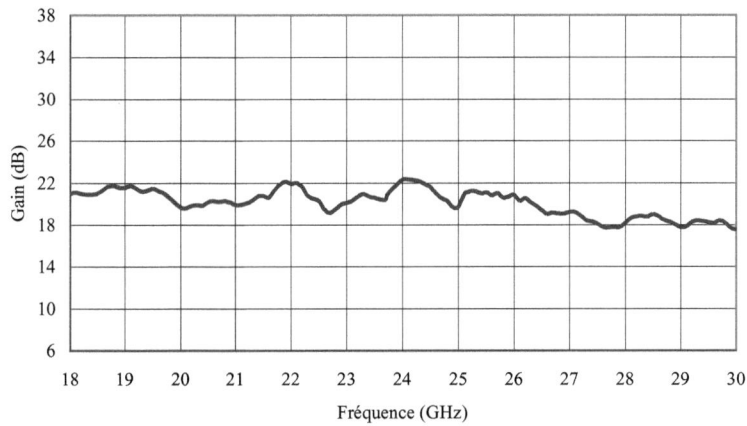

Figure IV.26 : Gain mesuré de l'antenne lentille alimenté par le guide WR–42

Les résultats de simulation, validés par des mesures expérimentales, montre également que l'association des antennes fentes et des structures de focalisation a permis l'amélioration de la directivité et du gain mais cette fois dans la bande 18 – 30 GHz. On peut en déduire que ce modèle de conception d'antenne s'adapte facilement à d'autres bandes de fréquences.

VIII. Conclusion

Dans ce chapitre, on a présenté les antennes lentilles et leurs principales configurations. Les antennes lentilles conçues en utilisant des matériaux diélectriques naturels (n>1) présentent un choix intéressant surtout dans le domaine des fréquences millimétriques. Les lentilles de forme hémisphère étendue ont été choisies en raison de leurs nombreux avantages.

Après avoir présenté la méthodologie de conception et le principe de l'architecture, on a exposé les antennes lentilles conçues. L'association des antennes fentes alimentées par guides d'ondes normalisés avec des structures de focalisation (lentille diélectrique) a permis d'atteindre un gain de 18 dBi, dans pratiquement toute la bande 27 – 30 GHz avec une très bonne pureté de polarisation (composante croisée ≤ -30 dB) et un coefficient de réflexion inférieur à -10 dB.

Pour la bande 18 – 30 GHz, le gain varie entre 18 et 22 dBi. Ce comportement large bande est une des propriétés intéressantes de cette antenne.

La compacité et le faible coût offert par l'association de deux technologies font des antennes développées ici un excellent candidat pour les systèmes de communication sans fil à très haut débit comme les standards LMDS et pour les systèmes de communications spatiales entre une constellation de satellites en orbite basse.

Bibliographie

[IV.1] J. BROWN
"Microwave Lenses"
Methuen's monographs on physical subjects– Londre.
John Willey & Sons, Inc. New–York

[IV.2] DORADO INTERNATIONAL CORPORATION
"http://www.dorado–intl.com"

[IV.3] W.L. WILLIAMS, J.M. HOWELL
"Communications Satellite Antennas with On– orbit Pattern Flexibility"
Microwave Journal, Août 2004
Horizon House Publications, Inc.

[IV.4] W.B. DOU, G. ZENG, Z.L. SUN
"Analysis of the far –field pattern of an extended hemispherical lens/objective lens antenna system"
Asia pacific Microwave Conference, 1997.

[IV.5] W.B. DOU, G. ZENG, Z.L. SUN
"Pattern prediction of extended hemispherical –lens/objective–lens antenna system at millimetre wavelengths"
IEE Proceedings on Microwaves, Antennas & Propagation, Vol. 145, N° 4, Août 1998.

[IV.6] Y.T. LO, S.W. LEE
"Antenna Handbook : Theory Applications and Design"
Van Nostrand Reinhold Company, New–York 1988.

[IV.7] W. ROTMAN
"Analysis of an EHF Aplanetic Zoned Dielectric Lens Antenna"
IEEE Transactions on Antennas and Propagation, Vol. AP–32, N°. 6, Juin 1984.

[IV.8] S. SILVER

"Microwave Antenna theory and Design"
IEE reprint edition – Electromagnetic Waves Series 19, Royaume Uni, 1984.

[IV.9] P. OTERO, G. V. ELEFTHERIADES, J. R. MOSIG

"Integrated Modified Rectangular Loop Slot Antenna on Substrate Lenses for Millimeter– and Submillimeter– Wave frequencies mixer Applications "
IEEE Transactions on Antennas and Propagation, Vol. 46, N°. 10, Octobre 1998.

[IV.10] S. RAMAN, G. M. REBEIZ

"Single– and Dual– Polarized Millimeter– Wave Slot–Ring Antennas"
IEEE Transactions on Antennas and Propagation, Vol. 44, N°. 11, Novembre 1996.

[IV.11] L. Mall, R. B. WATERHOUSE

"Millimeter–Wave Proximity–Coupled Microstrip Antenna on an Extended Hemispherical Dielectric Lens"
IEEE Transactions on Microwave Theory and Techniques, vol. 49, no. 12, Decembre 2001.

[IV.12] J. R. BRAY, L. ROY

"Physical Optics Simulation of Electrically Small Substrate Lens Antennas"
Electrical and Computer Engineering, 1998. IEEE Canadian Conference, Vol.2, Page(s):814 – 817, 24–28 Mai 1998.

[IV.13] A. YAMADA, T. MATSUI

"CPW–fed Lens Antenna for 25 GHz–band wireless Communication System"
29th European Microwave Conference, Vol. 1, Munich, Germany, Octobre 1999, Page(s): 5–8.

[IV.14] http://www.rexolite.com

Chapitre V
Antennes BIE : Etude et conception

Chapitre V : Antennes BIE : Etude et conception

I. Introduction

Après avoir présenté la technologie lentille, nous allons étudier la technologie BIE (Bande Interdite Electromagnétique). En effet, la technologie BIE offre une solution intéressante pour la conception d'antennes directives avec un gain important [V.1] [V.2] [V.3]. Cette technologie peut répondre à la demande des applications point à point par liaison hertzienne directe.

Dans un premier temps, nous allons présenter la structure BIE en essayant d'expliquer son comportement électromagnétique et son principe de fonctionnement. Nous verrons qu'en fait, les structures BIE peuvent être considérées comme des systèmes de focalisation composés de cavités successives de Fabry–Perot.

Des antennes BIE, alimentées par fentes rayonnantes associées à la technologie des guides d'ondes, sont modélisées et optimisées à l'aide d'un outil de calcul électromagnétique 3D. Des mesures d'adaptation et de caractérisation en champ lointain sont également présentées dans ce chapitre.

Afin d'augmenter la bande passante des antennes BIE, une approche basée sur le rapport des permittivités des matériaux diélectriques utilisés dans la composition de ces structures, est proposée. Les résultats de calcul et des mesures expérimentales sont également présentés.

II. Comportement électromagnétique des structures BIE

Les structures BIE sont des structures périodiques [V.4] [V.5], dans lesquelles la périodicité peut exister dans une, deux, ou trois dimensions de l'espace, comme le montre la figure V.1.

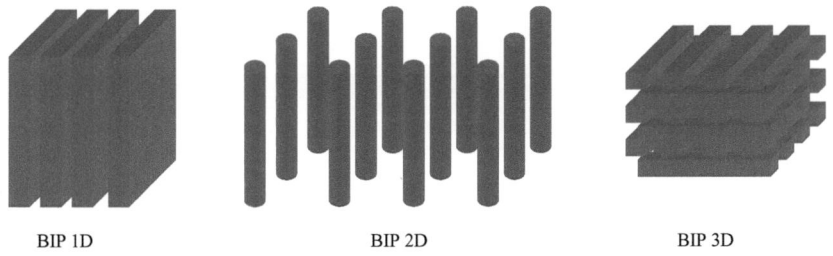

BIP 1D　　　　　　　　　BIP 2D　　　　　　　　　BIP 3D

Figure V.1 : Différentes structures BIE

Généralement, pour étudier ce genre de structures périodiques constituées d'un matériau BIE, on calcule son coefficient de transmission en l'éclairant par une onde incidente plane. On peut distinguer, sur la figure V.2, la variation du coefficient de transmission en fonction de la fréquence. Les matériaux BIE présentent des propriétés de filtrage fréquentiel : dans la zone de la bande centrale, on note la présence d'une bande interdite pour laquelle les onde sont fortement réfléchies. Par contre, de part et d'autre de la bande centrale, le coefficient de transmission reste proche de 0 dB (bandes autorisées), permettant à l'énergie de traverser la structure BIE périodique.

En introduisant un défaut dans la structure BIE, qui peut être simplement une rupture dans la périodicité des plaques, comme dans la figure V.3, ou une variation de la permittivité relative des matériaux utilisés, on observe l'apparition d'une bande passante autorisée dans la bande interdite. On remarque aussi un élargissement de la bande interdite globale.

On peut considérer la structure formée par l'insertion du défaut comme une cavité électromagnétique. La fréquence de résonance de cette cavité peut être sélectionnée et contrôlée par le choix des dimensions des plaques, l'écart périodique entre celles-ci et les caractéristiques du défaut introduit.

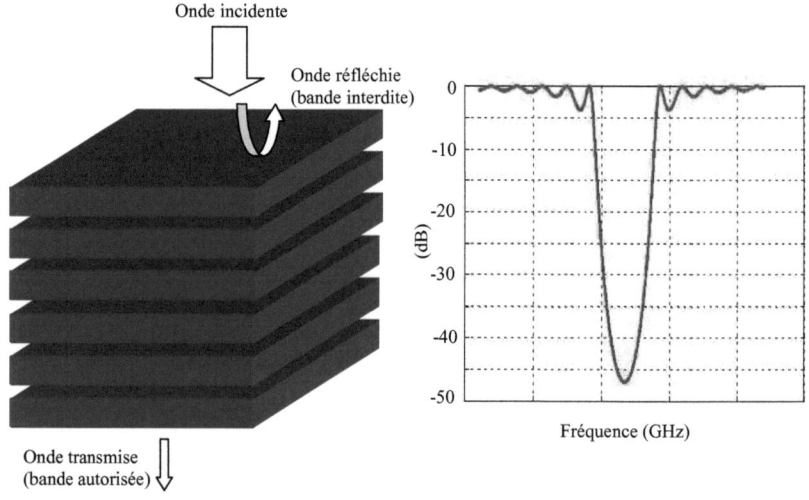

Figure V.2 : structures BIE sans défaut de périodicité

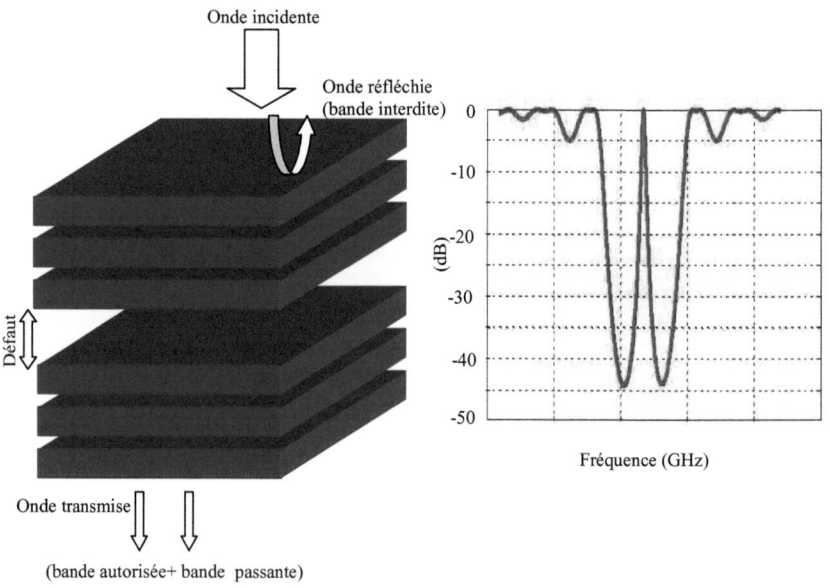

Figure V.3 : structures BIE avec défaut de périodicité

III. Principe de fonctionnement des antennes BIE à défaut

Les plaques utilisées pour composer une antenne BIE peuvent être considérées comme des surfaces à haute réflexion [V.6]. Le champ à l'intérieur de la structure est représenté sur la figure V.4 [V.7]. On peut remarquer que le champ se concentre essentiellement dans la cavité résonante, formée par le défaut inséré dans la structure.

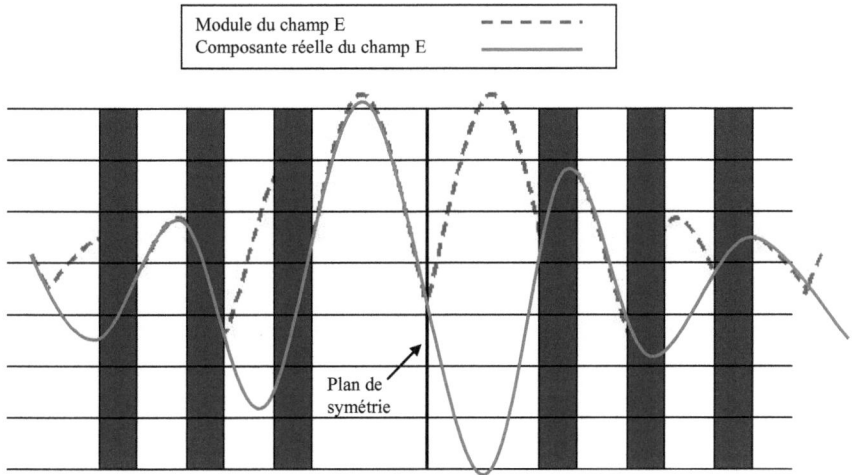

Figure V.4 : Distribution du champ E dans une structure BIE à défaut de périodicité

Le module du champ E est symétrique par rapport au plan qui passe au milieu de la cavité résonante, alors que les valeurs de la composante réelle du champ sont opposées par rapport au même plan. On constate que l'énergie se répartit de façon symétrique sur la globalité de la structure BIE.

En appliquant la théorie des images sur cette structure symétrique, on peut insérer un plan métallique parfait à la place du plan de symétrie virtuel. Ce plan peut être considéré comme plan de masse, ce qui nous permet de simplifier la structure de moitié, sans changer la distribution des champs et en gardant le même principe de fonctionnement.

IV. Antenne BIE multicouches

Les structures BIE multicouches à défaut sont des structures qu'on associe à des sources élémentaires, dans le but d'obtenir des antennes directives avec des gains améliorés. En outre, l'ajout du plan de masse permet d'obtenir des antennes peu encombrantes et à rayonnement unidirectionnel.

IV.1. Structure de l'antenne

Sur la figure V.5, on présente une antenne BIE à défaut composée de :

- Une source élémentaire intégrée directement dans le plan de masse
- Plusieurs couches périodiques de matériaux diélectriques constituant la bande interdite électromagnétique
- Une cavité résonante située entre le plan de masse et la première couche de la structure BIE

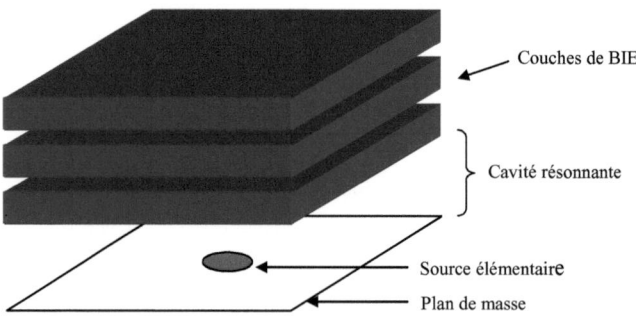

Figure V.5 : structure générale d'une antenne BIE

IV.2. Alimentation de l'antenne

Pour l'alimentation de l'antenne BIE, il faut choisir une source élémentaire qui permet d'obtenir les meilleures caractéristiques de rayonnement sur la bande fréquentielle souhaitée.

L'adaptation de cette source doit être performante avec un faible coefficient de réflexion et une large bande passante. Ceci permet d'étudier l'effet de la structure BIE sur une large bande.

La source d'excitation ne doit pas perturber la distribution du champ électromagnétique dans la cavité résonnante, considérée comme la partie la plus importante et la plus sensible des structures BIE.

Généralement, on utilise une source de type patch ou réseau de patchs, ce qui augmente les pertes dans le réseau d'alimentation et complique la conception de l'antenne. Pour réduire ces pertes, on propose d'alimenter la structure BIE par une fente rayonnante optimisée pour un fonctionnement dans la bande 38 – 40 GHz, du même type que celle présentée dans le chapitre III et en respectant les mêmes règles que précédemment, pour la conception de l'antenne fente alimentée par guide d'ondes.

La source élémentaire réalisée est composée du guide d'ondes normalisé WR–28, qui couvre la bande de fonctionnement choisie, terminé par un plan de masse chargé par une micro fente. Les dimensions du plan de masse sont de 70×70 mm^2 pour une épaisseur de 0,1mm. Au centre du plan de masse, on réalise une fente de longueur L_f=5mm et de largeur W_f=3mm. Ces dimensions sont le résultat d'une optimisation permettant de diminuer le coefficient de réflexion de la source dans la bande de fonctionnement sur une large bande.

Figure V.6 : Source élémentaire utilisée pour alimenter l antenne BIE

IV.2.1. Adaptation et bande passante

La figure V.7 représente le coefficient de réflexion de l'antenne optimisée en utilisant le simulateur électromagnétique HFSS dans la bande 38 – 40 GHz. Les mesures expérimentales et les résultats de calculs sont reportés sur la même figure. On peut remarquer que le coefficient de réflexion ne dépasse pas les -16 dB sur la bande retenue. L'accord entre les deux résultats est bon.

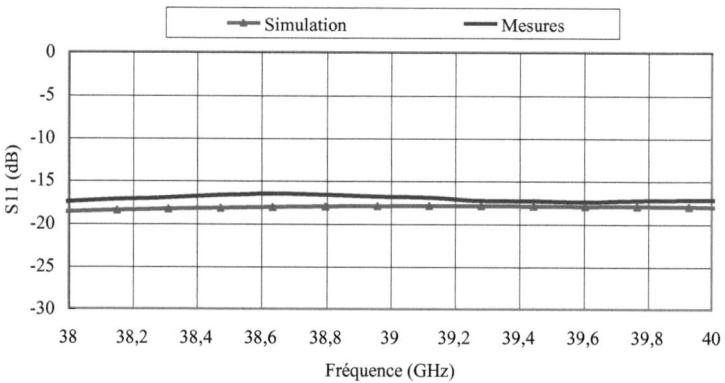

Figure V.7 : Coefficient de réflexion de la source élémentaire

IV.2.2. Caractéristiques de rayonnement

Les diagrammes de rayonnement calculés et mesurés à la fréquence 38,9 GHz sont reportés aux figures V.8 et V.9. L'ouverture à mi–puissance est de 57° dans le plan H et dépasse les 90° dans le plan E. Le grand angle d'ouverture dans le plan E est dû à la largeur très fine de la fente rayonnante dans ce plan. L'ondulation observée dans les deux plans est due à la finitude du plan de masse (environ 9λ). La composante croisée est inférieure à -30 dB dans le deux plans principaux. On note un bon accord entre la simulation et les mesures expérimentales.

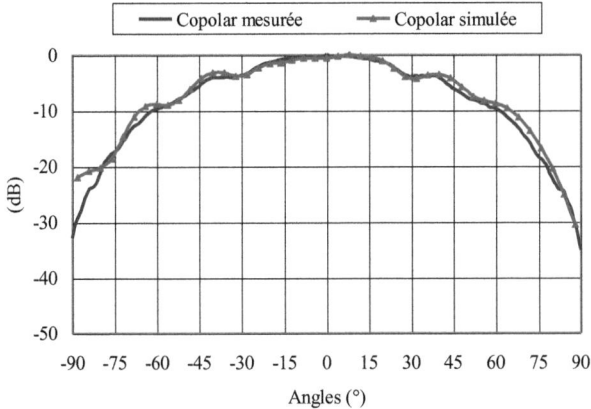

***Figure V.8** : Diagramme de rayonnement de la source élémentaire dans le plan H à la fréquence 38,9 GHz*

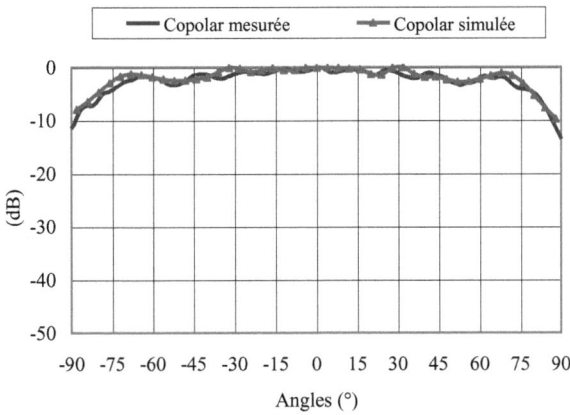

***Figure V.9** : Diagramme de rayonnement de la source élémentaire dans le plan E à la fréquence 38,9 GHz*

IV.3. La cavité résonnante de la structure BIE

La cavité résonnante, située entre le plan de masse et la structure BIE à défaut, a une hauteur égale à la moitié de la longueur du défaut. Normalement, la hauteur du défaut est de λ_0, l'écart entre les plaques du BIE est de l'ordre de $\lambda_0/4$ et l'épaisseur de chaque plaque est de $\lambda_g/4$. Cette configuration rend la structure transparente à la fréquence f_0.

Généralement, la fréquence de résonance des modes se propageant dans une cavité peut être calculée en utilisant la relation suivante :

$$f_{n,m,p} = \frac{c}{2\pi} \sqrt{\left(\frac{n\pi}{l}\right)^2 + \left(\frac{m\pi}{L}\right)^2 + \left(\frac{p\pi}{h}\right)^2} \qquad (V.1)$$

Où l, L, h : Dimensions de la cavité
n, m, p : Indices de modes
c : Célérité de la lumière

Le mode 111 est le plus intéressant parce qu'il présente une distribution idéale du champ dans la cavité résonnante, permettant d'obtenir un lobe principale directif et des lobes secondaires à faible niveau.

Le rôle de la cavité résonnante est d'enfermer l'énergie, permettant uniquement une fuite vers la direction normale au plan de masse. Ceci est illustré sur la figure V.10, qui présente la distribution du champ tangentiel dans un plan de coupe vertical. En effet, plus une cavité est résonnante, plus l'énergie se répartit transversalement d'abord dans la cavité puis sur la surface supérieure de l'antenne, définissant ainsi une ouverture rayonnante de grande dimension.

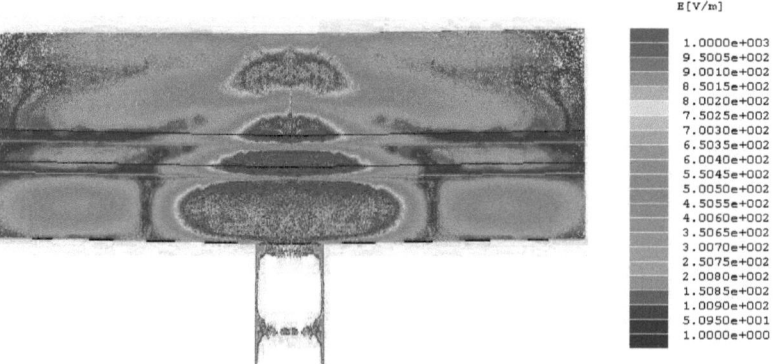

Figure V.10 : Cartographie du champ E calculé dans un plan de coupe vertical de l'antenne BIE à la fréquence 38,9 GHz

V. Conception de l'antenne BIE

L'antenne BIE étudiée se compose donc d'une fente rayonnante, alimentée par guide d'ondes, associée à une structure BIE à défaut. Celle-ci est constituée de plusieurs couches périodiques de matériau diélectrique. Le but de cet assemblage est d'obtenir une antenne directive répondant aux demandes des systèmes de télécommunications point à point par faisceau hertzien.

Le matériau diélectrique retenu pour la validation expérimentale est le TMM10 qui a une permittivité relative ε_r = 9,2 et un angle de pertes tg $\delta \approx 0,0017$. Le matériau TMM10 (Thermoset ceramic loaded plastic) est un substrat rigide qui peut être employé facilement dans la conception des antennes imprimées. Les propriétés thermiques de ce substrat offrent une stabilité des performances électriques et mécaniques. C'est pour cela que le TMM10 peut être utilisé dans beaucoup d'applications, y compris les applications spatiales[V.8].

Sur la figure V.11, on présente une antenne BIE composée de trois plaques de matériau diélectrique. Cette configuration a été optimisée pour une fréquence centrale de 38,94 GHz. Les plaques du TMM10 sont de mêmes dimensions que le plan de masse (70×70 mm^2) et l'épaisseur est de 0,635 mm. La hauteur de l'antenne est de 18 mm et son poids ne dépasse pas les 100gr.

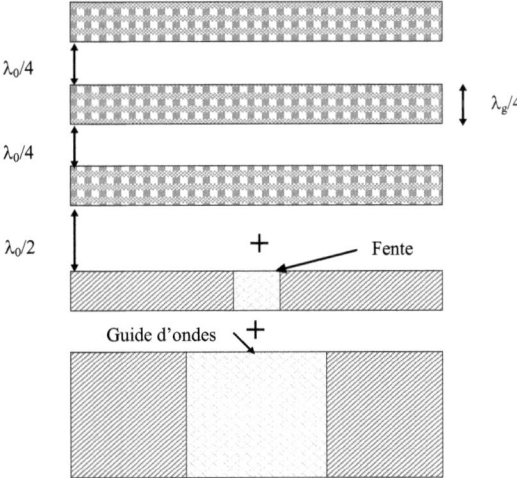

Figure V.11 : Structure de l'antenne BIE alimentée par fente rayonnante

Chapitre V : Antennes BIE : Etude et conception

Les dimensions des plaques de la structure BIE ont un effet important sur le gain de l'antenne [V.9], qui peut être calculé en utilisant la relation suivante :

$$G_{dB} = 10\log\left(\frac{4\pi S}{\lambda_0^2}\right) = 20\log\left(\frac{\pi D}{\lambda_0}\right) \quad (V.2)$$

Où S : La surface de l'ouverture de rayonnement équivalente
   D : Le diamètre de la même ouverture
   λ_0 : Longueur d'onde dans le vide

Sur la figure V.12, on présente le module calculé du champ E sur la surface rayonnante de l'antenne BIE étudiée. Généralement, plus une cavité est résonnante, plus l'énergie se répartit transversalement d'abord dans la cavité puis sur la surface supérieure de l'antenne définissant ainsi une ouverture rayonnante de grande dimension.

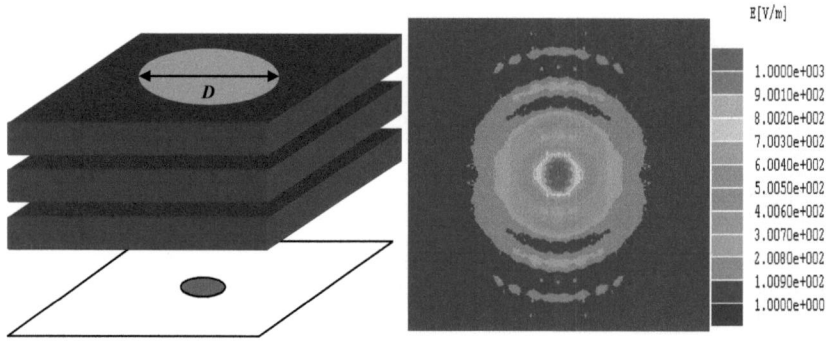

Module du champ E sur la surface rayonnante

Figure V.12 : Surface de l'ouverture rayonnante de l'antenne BIE

Le modèle et la maquette de l'antenne BIE, composée de trois couches de TMM10 séparées par l'air, sont présentés sur les figures V.13 et V.14. L'usinage de cette antenne a été réalisé à l'atelier mécanique de l'INSA de Rennes.

Chapitre V : Antennes BIE : Etude et conception

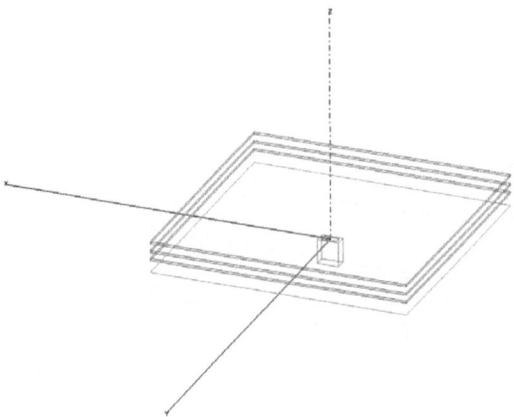

Figure V. 13 : Modélisation de l'antenne BIE associée à la fente rayonnante

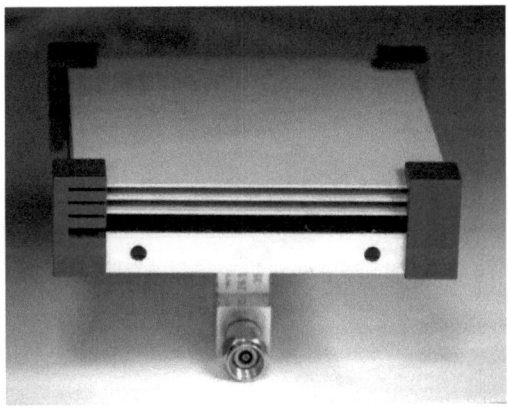

Figure V. 14 : Photographie de l'antenne BIE associée à la fente rayonnante

Chapitre V : Antennes BIE : Etude et conception

VI. Performances et caractéristiques

VI.1. Adaptation et bande passante

a) *Trois couches*

L'adaptation mesurée de l'antenne BIE (figure V.15) présente un minimum de coefficient de réflexion à la fréquence de configuration de la structure (S11<-25dB). Pour cette fréquence centrale qui est égale à 38,94 GHz, le fonctionnement de l'antenne est optimal et c'est le premier mode de la cavité qui résonne.

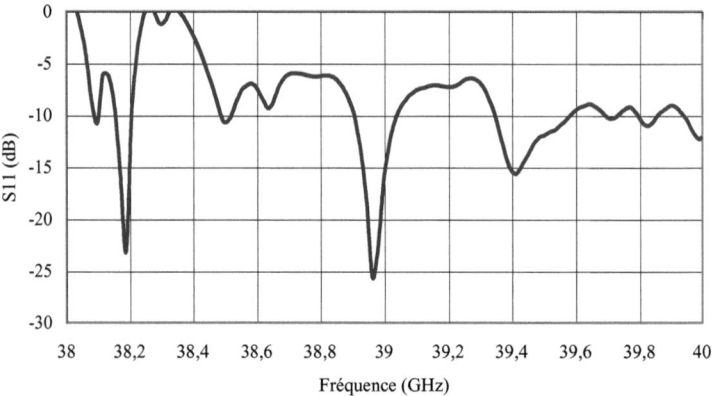

Figure V.15 : Coefficient de réflexion de l'antenne BIE (3couches)

La bande passante de cette antenne est de 150 MHz autour de la fréquence centrale f_0=38,94 GHz. On peut remarquer aussi d'autres résonances qui apparaissent et qui sont dues à des défauts d'usinage. En fait, la moindre imprécision des hauteurs des cavités résonnantes formées entre les couches du matériau diélectrique fait apparaître d'autres fréquences de résonances sans oublier les différents modes que la cavité est susceptible d'exciter. La maîtrise des défauts d'usinage peut être intéressante pour la conception d'antennes BIE multibandes.

b) Deux couches

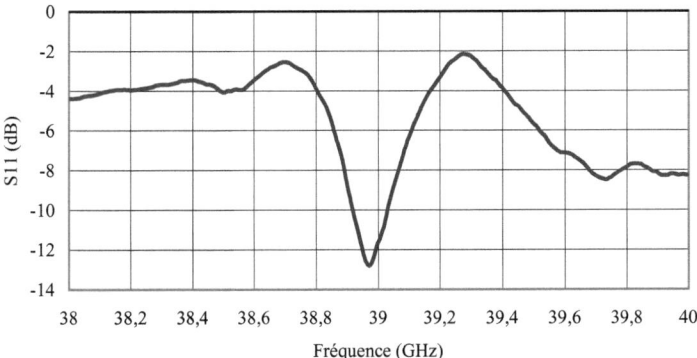

Figure V.16 : Coefficient de réflexion de l'antenne BIE (2couches)

Pour diminuer la complexité de l'antenne et le nombre de défaut lié à l'usinage, nous avons étudié la structure BIE à deux couches. On obtient un coefficient de réflexion inférieur à -12 dB à la fréquence centrale, comme le montre la figure V.16. On peut constater la quasi-disparition des autres résonances. Par contre, le coefficient de réflexion se dégrade mais reste acceptable autour de la fréquence de fonctionnement. La bande passante est toujours d'environ 150MHz.

VI.2. Caractéristiques de rayonnement

a) Trois couches

Les figures V.17 et V.18 présentent les diagrammes de rayonnement mesurés et calculés de l'antenne BIE à la fréquence 38,94 GHz.

L'ouverture à mi–puissance est de 9° et la composante croisée est inférieure à -25 dB dans les deux plans principaux, ce qui garantit la polarisation linéaire de l'antenne BIE. Le niveau des lobes secondaires est inférieur à -20 dB et la directivité maximale est de 27 dB.

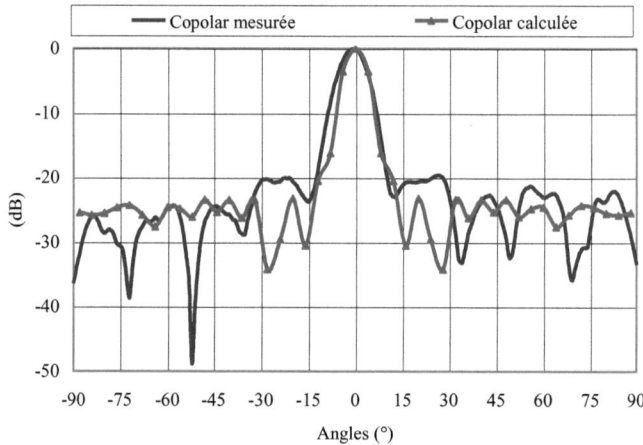

Figure V.17 : Diagramme de rayonnement de l'antenne BIE (3 couches) dans le plan H à la fréquence 38,94 GHz

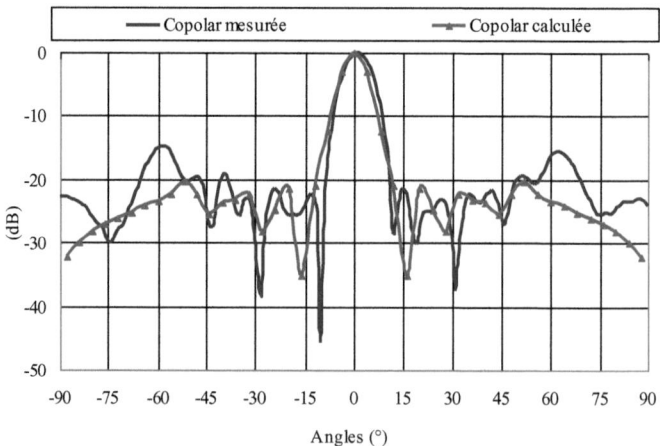

Figure V.18 : Diagramme de rayonnement de l'antenne BIE (3 couches) dans le plan E à la fréquence 38,94 GHz

Les quelques écarts entre les calculs et les mesures sont dues en partie au nombre de mailles limitées appliquées pendant les simulations. En fait, le calcul de ce genre de structures, composées de matériaux diélectriques à haute permittivité, rend le temps de calcul très grand et demande des moyens de calcul plus puissant.

Le gain mesuré de l'antenne est présenté sur la figure V.19. Il atteint 20 dBi à la fréquence centrale et la bande passante à -3 dB est de 100 MHz. On peut calculer le gain en utilisant la relation V.2 et en tenant compte du diamètre de l'ouverture de rayonnement équivalente. Le gain calculé est de 21,5 dB. La différence entre mesure et calcul s'explique par les pertes dans le diélectrique et les pertes par fuites sur les côtés [V.10].

On remarque l'apparition de plusieurs pics de gain aux fréquences (38,2 – 38,6 – 39,3 – 39,6 GHz) qui correspondent aux mêmes fréquences de résonances que celle relevées lors de l'étude de l'adaptation.

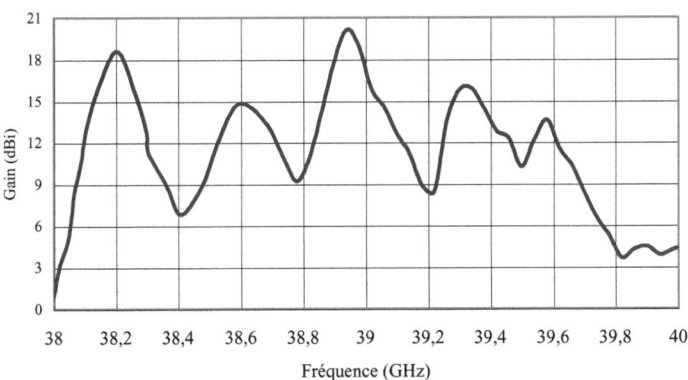

Figure V.19 : Gain de l'antenne BIE (3 couches)

b) *Deux couches*

Sur les deux figures V.20 et V.21, on présente les résultats de calcul et de mesures des diagrammes de rayonnement dans les deux plans principaux. L'ouverture à mi-puissance est d'environ 12°, la composante croisée étant inférieure à -25 dB et les lobes secondaires à -20 dB dans les deux plans H et E. La directivité maximale calculée atteint les 25 dB. Le rendement de cette antenne est de 20%.

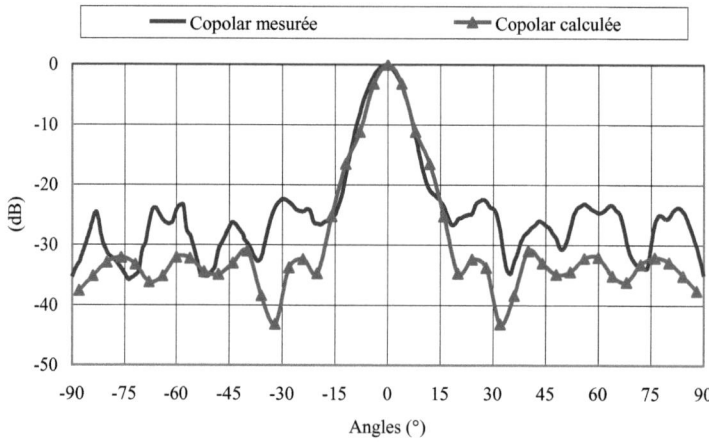

Figure V.20 : Diagramme de rayonnement de l'antenne BIE (2 couches) dans le plan H à la fréquence 38,94 GHz

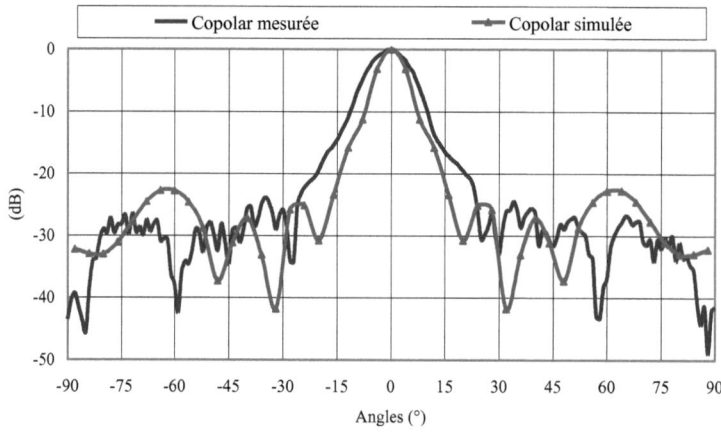

Figure V.21 : Diagramme de rayonnement de l'antenne BIE (2 couches) dans le plan E à la fréquence 38,94 GHz

Le gain mesuré de la structure BIE composée de deux couches est présenté sur la figure V.20. On constate que ce gain atteint les 19 dBi à la fréquence centrale, ce qui est très proche du gain de la structure BIE à trois couches. La bande passante à -3dB de gain est égale à 500MHz.

En fait, la stabilité du gain et le niveau qu'il atteint rend cette structure BIE à deux couches intéressante.

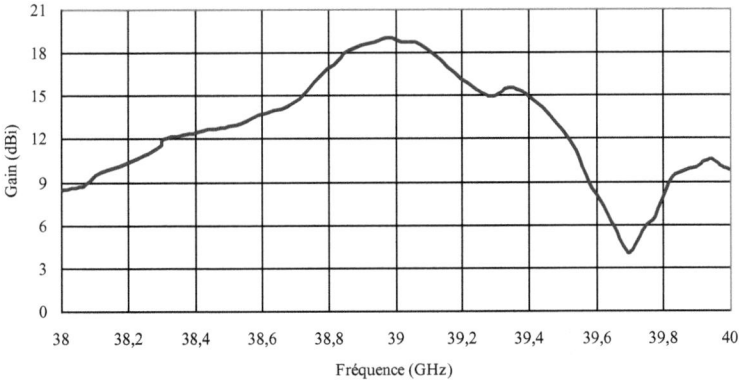

Figure V.22 : Gain de l'antenne BIE (2 couches)

Pour mieux comprendre les effets de l'ajout de la structure BIE, on présente une comparaison du diagramme de rayonnement en fonction du nombre de couches de matériau diélectrique dans les deux plans principaux (figures V.23 et V.24).

Dans le plan H, à la fréquence 38,94 GHz, on peut remarquer l'amélioration de la directivité apportée par l'ajout de la structure BIE à l'antenne élémentaire. L'ouverture à mi-puissance passe de 57° à 21° avec une couche, puis à 12° avec 2 couches et à 9° avec les 3 couches du BIE.

Dans le plan E, on remarque aussi l'amélioration de la directivité. L'ouverture à mi-puissance passe de plus de 90° à 20 ° avec une seule couche, puis à 12° avec 2 couches et à 9° avec 3 couches. La directivité maximale est passée de 9 dB pour l'antenne fente à 27dB pour l'antenne BIE à 3 couches.

Sur la figure V.25, le gain de l'antenne fente varie entre 6 et 7 dBi sur la bande 38–40 GHz. Avec une couche, le gain peut atteindre les 14 dBi. En ajoutant la deuxième couche le gain atteint les 19 dBi pour la fréquence 38,94 et on peut dépasser les 20 dBi en ajoutant la troisième couche.

Chapitre V : Antennes BIE : Etude et conception

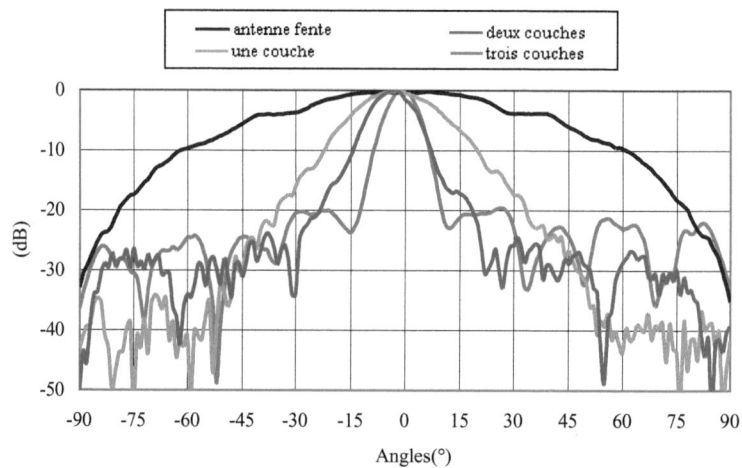

Figure V.23 : Comparaison des diagrammes de rayonnement de l'antenne BIE dans le plan H à la fréquence 38,94 GHz

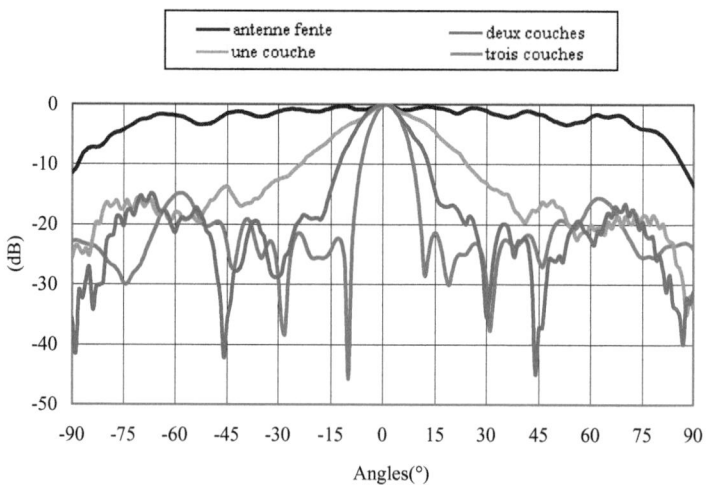

Figure V.24 : Comparaison des diagrammes de rayonnement de l'antenne BIE dans le plan E à la fréquence 38,94 GHz

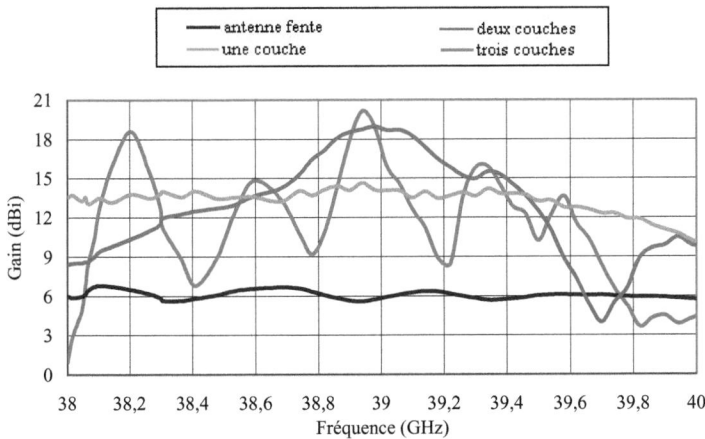

Figure V.25 : Comparaison des gains de l'antenne BIE en fonction du nombre de couches

La comparaison précédente montre que l'augmentation du nombre de plaques du BIE, engendre un gain plus important et un lobe principal plus directif. Par contre, la structure se complique et les défauts d'usinage deviennent de plus en plus inévitables.

Après avoir comparé les caractéristiques offertes par l'antenne BIE optimisée, on constate que le cas de la structure à deux couches de TMM10 est le plus intéressant. En fait, ce cas présente des bonnes performances de rayonnement et une structure plus simple en même temps. L'inconvénient principal de cette antenne est sa bande passante étroite, de l'ordre de 150 MHz. L'amélioration de la bande passante fera l'objet de la partie suivante.

VII. Conception d'antenne BIE à bande élargie

En général, les antennes BIE offrent des performances de rayonnement très intéressantes au niveau de la directivité et du gain. Par contre, leur bande passante est souvent très étroite. Ceci rend l'utilisation de ce type d'antennes très limitée, surtout avec l'apparition des systèmes haut débit qui nécessitent des bandes passantes plus importantes.

En se basant sur l'antenne BIE, composé de deux couches du matériau diélectrique TMM10 et alimentée par la même source élémentaire présentée précédemment, on arrive à améliorer la bande passante et l'efficacité de l'antenne BIE initiale. Pour cela, on remplace l'air séparent les deux couches de TMM10 dans la structure précédente par du Rexolite. La permittivité relative de celui–ci est supérieure à celle de l'air mais reste inférieure à celle du TMM10.

Sur la figure V.26, on présente la nouvelle structure de l'antenne BIE. La distance entre la fente rayonnante et la première couche est de $\lambda_0/2$. L'épaisseur des plaques est de $\lambda_{g1}/4$ pour le TMM10 et de $\lambda_{g2}/4$ pour le Rexolite. La configuration de la structure a été optimisée pour un fonctionnement à la fréquence centrale de 38,94 GHz.

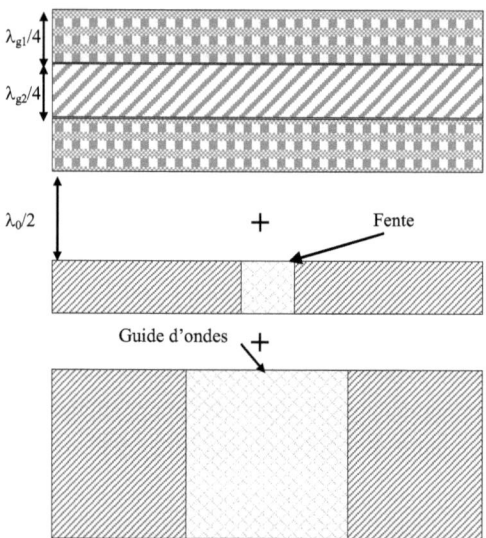

Figure V.26 : Structure de l'antenne BIE (TMM10–Rexolite–TMM10) alimentée par fente rayonnante

Sur la figure V.27, on présente une photographie de l'antenne réalisée. Sa hauteur est de 14 mm.

Figure V. 27 : Photographie de l'antenne BIE réalisée

VIII. Performances et caractéristiques

VIII.1. Adaptation et bande passante

Sur la figure V.28, on présente une comparaison entre les deux cas de configuration de l'antenne BIE. Le coefficient de réflexion de l'antenne chargée avec du Rexolite est inférieur à -14 dB pour la fréquence centrale 38,9 GHz.

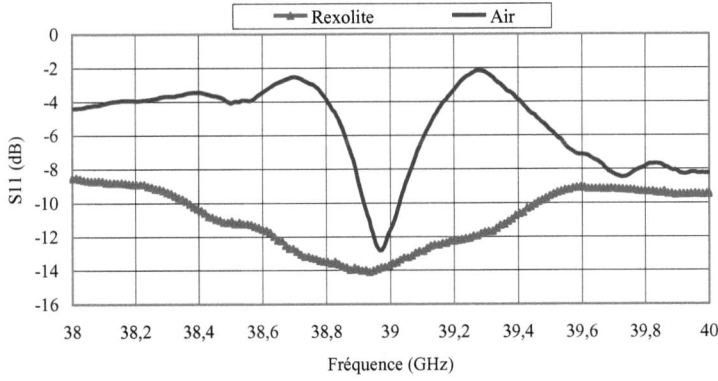

Figure V. 28 : Comparaison du coefficient de réflexion de l'antenne BIE

La bande passante à -10 dB de l'antenne, après le remplacement de l'air par du Rexolite, est élargie de 150 MHz à plus de 1GHz de bande.

VIII.2. Caractéristiques de rayonnement

Les résultats de la simulation et des mesures en champ lointain dans les plans H et E sont présentés sur les deux figures V.29 et V.30. L'ouverture à mi–puissance est de 22° dans les deux plans principaux. La composante croisée est inférieure à -25 dB et la directivité maximale est de 19 dB. Les lobes secondaires sont inférieurs à -20 dB dans le plan H et à -17 dB dans le plan E.

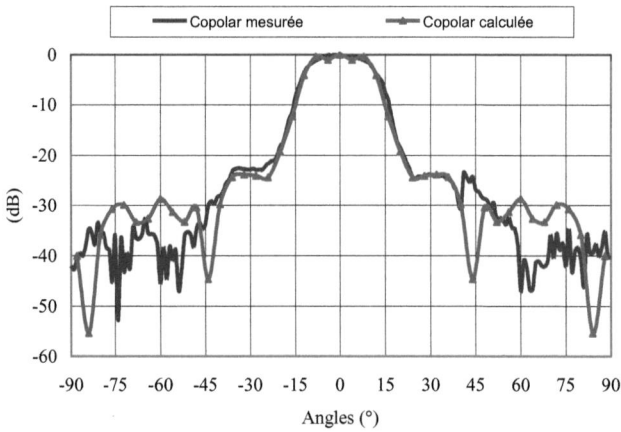

Figure V.29 : Diagramme de rayonnement de l'antenne BIE (TMM10–Rexolite–TMM10) dans le plan H à la fréquence 38,94 GHz

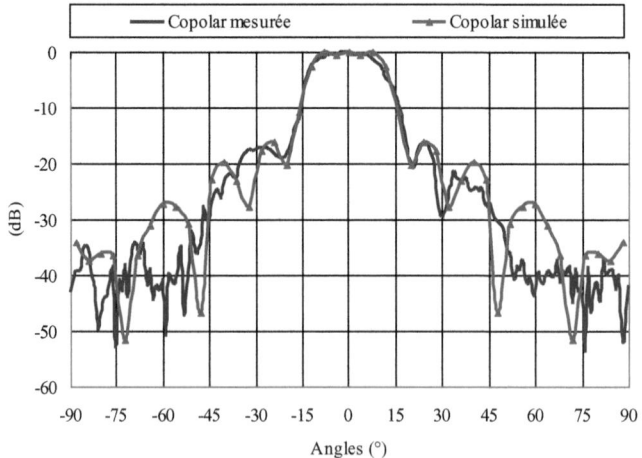

Figure V.30 : Diagramme de rayonnement de l'antenne BIE (TMM10–Rexolite–TMM10) dans le plan E à la fréquence de 38,94 GHz

Le gain mesuré de l'antenne est présenté sur la figure V.31. Il atteint les 16 dBi à la fréquence centrale de 38,94 GHz. A partir du diamètre de l'ouverture équivalente obtenu par la simulation et présenté sur la figure V.32, on peut calculer le gain en utilisant la relation V.2. Le gain calculé est de 18,2 dBi. La différence entre les calculs et les mesures est due aux pertes dans les diélectriques et les pertes par fuites des côtés. L'efficacité de l'antenne est améliorée par rapport à l'antenne initiale passant de 20% à 47%.

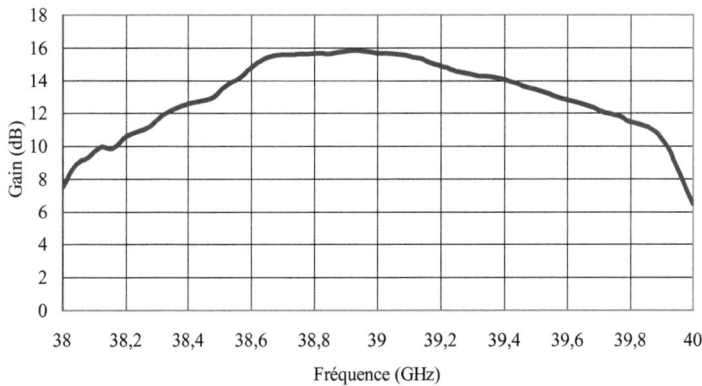

Figure V.31 : Gain de l'antenne BIE (TMM10–Rexolite–TMM10)

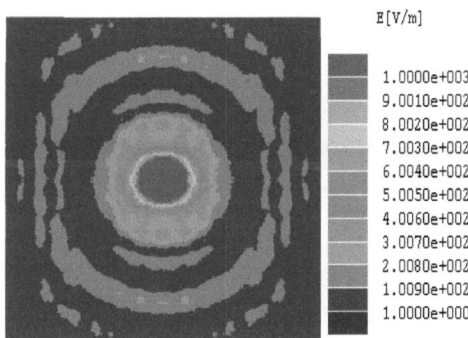

Figure V.32 : Cartographie du champ E sur la surface rayonnante de l'antenne BIE (TMM10–Rexolite–TMM10)

L'amélioration de l'efficacité est due à l'augmentation de la puissance rayonnée P_R de l'antenne, qui est due à son tour à la diminution des pertes par fuites et par réflexions multiples ; la puissance rayonnée P_R est reliée au coefficient de qualité Q par la relation suivante [V.11] :

$$Q = \frac{2\varpi W}{P_R} \qquad (V.3)$$

Où : ω : est la pulsation en radian par seconde

W : est l'énergie électrique et magnétique stockée

Or, le facteur de qualité d'une cavité résonante est donné par le relation suivante :

$$Q = \frac{f_0}{\Delta f} \qquad (V.4)$$

Où : f_0 : est la fréquence de résonance de la cavité

Δf : est la bande passante

On peut donc déduire de la relation précédente que la bande passante augmente lorsque le facteur de qualité diminue. Autrement dit, plus il y a d'écart de permittivité relative entre les plaques du BIE et le matériau intermédiaire, plus le facteur de qualité augmente. Par contre, ceci engendre une diminution de la bande passante et vice versa.

Sur le tableau suivant, on présente une comparaison de simulations entre plusieurs paramètres obtenue en changeant le matériau diélectrique intermédiaire et en considérant le TMM10 comme matériau de base pour la conception de la structure BIE. Les résultats confirment nos conclusions.

Permittivité du matériau intermédiaire	Angle d'ouverture à -3 dB	Directivité maximale	Gain calculé
2,53	22°	19,3 dB	18,2 dB
4	25°	18,2 dB	17 dB
6	36°	15 dB	14 dB
8	39°	14,3 dB	13 dB

Tableau V.1 Comparaison des paramètres obtenus en changeant le matériau intermédiaire

IX. Conclusion

Les propriétés des structures BIE ont été étudiées au cours de ce chapitre. La technologie BIE a été mise en oeuvre pour la réalisation d'antennes alimentées par fentes rayonnantes.

Une modélisation électromagnétique globale a été employée dans le but de caractériser et d'optimiser l'antenne étudiée. Les effets du nombre de couches de BIE ont été soulignés à la fois par la mise au point de maquettes de validation et par la mesure de rayonnement.

Les performances acquises par les antennes BIE alimentées par fente rayonnante en utilisant la technologie des guides d'ondes sont satisfaisantes, mais ceci sur une bande étroite.

Afin d'améliorer la bande passante des antennes BIE, un nouveau type d'antennes BIE a été présenté. Des augmentations importantes de la bande passante et de l'efficacité des antennes ont alors été obtenues.

Bibliographie

[V.1] D.R. JACKSON, N.G. ALEXOPOULOS
"Gain enhancement methods by printed circuit antennas"
IEEE Transactions on Antennas and Propagation, Vol. 33, page(s) 976–987, 1985.

[V.2] H.Y. YANG, N.G. ALEXOPOULOS
"Gain enhancement methods for printed circuit antennas through multiple superstrates"
IEEE Transactions on Antennas and Propagation, Vol. 35, page(s) 860–863, 1987.

[V.3] L. BERNARD, R. LOISON, R. GILLARD, T. LUCIDARME
"High directivity multiple superstrate antennas with improved bandwidth"
IEEE International Symposium on Antennas and Propagation, 2002.

[V.4] E. YABLONOVITCH
" Photonic band–gap structures"
Journal of Optical Society Amer B, Vol. 10, N° 2, Février 1993.

[V.5] J.M. LOURTIOZ, H. BENESTY, V. BERGER, J.M. GERARD, D. MAYSTRE, A. TCHELNOKOV
"Les cristaux photoniques ou la lumière en cage"
GET et Lavoisier, Paris 2003.

[V.6] H. MOSALLAEI, Y. RAHMAT–SAMII
"Periodic bandgap and effective dielectric materials in electromagnetics : charcterization and applications in nanocavities and waveguides"
IEEE Transactions on Antennas and Propagation, Vol. 51, N° 3, Mars 2003.

[V.7] C. SERIER, C. CHEYPE, R. CHANTALAT, M. THEVENOT, T. MONEDIERE, A. REINEIX, B. JECKO
"1–D photonic bandgap resonator antenna"
Microwave and Optical Technology Letters, Vol. 29, N° 5, Juin 2001.

[V.8] J.R. JAMES, P.S. HALL

"Handbook of microstrip Antennas"

IEE Electromagnetic Waves Series 28 – Peter Peregrinus LTD, 1989.

[V.9] http://www.marloelectronics.com/RFMater.htm

[V.10] R. COMTE, S. GENDRAUD, S. VERDEYME, P. GUILLON, C. BOCHET, B. THERON

"A high Q factor microwave cavity"

Microwave Symposium Digest, IEEE MTT–S International, Vol. 3, 1995.

[V.11] R.L. FANRE

"Maximum possible gain for an arbitrary ideal antenna with specified quality factor"

IEEE Transactions on Antennas and Propagation, Vol. 40, N° 12, Decembre 1992.

Conclusion générale

Conclusion générale

Conclusion générale

Ce travail de thèse a porté sur la modélisation, la conception et la caractérisation de différents types d'antenne directive, afin de répondre aux exigences des systèmes de télécommunication sans fil à haut débit dans la bande millimétrique. Les travaux de recherche menés avaient pour application trois services de communication par faisceaux hertziens : Le système LMDS avec ses deux standards européen et américain, le système de communication multimédia par une constellation de satellites en orbite basse et le système de communication point à point ou point à multipoint autour de la fréquence de 39 GHz.

Tout d'abord, une étude bibliographique sur les systèmes de télécommunication mentionnés précédemment et leurs besoins au niveau des antennes a été proposée. Ensuite, une comparaison entre les différentes technologies d'antennes directives a été effectuée afin de justifier nos choix technologiques.

Le choix et l'optimisation des sources élémentaires utilisées pour illuminer les structures de focalisations ont également été étudiés. Des fentes rayonnantes alimentées par des guides d'ondes ont été optimisées pour un fonctionnement dans deux bandes de fréquences : la bande 18 – 30 GHz et la bande 27 – 43 GHz. Un comportement large bande et un gain intéressant ont été obtenus en calcul et confirmés par les mesures expérimentales. Le bas coût et la taille réduite des structures développées sont des performances additionnelles. Par ailleurs, ce type de structures s'allie bien avec les structures de focalisation comme les lentilles diélectriques et les structures BIE. L'association de ces sources élémentaires avec les technologies de focalisation a donc permis d'améliorer les performances des antennes conçues.

Dans le cadre du développement d'antennes directives pour le système LMDS et le système de communication multimédia par une constellation de satellites en orbite basse, des antennes lentilles ont été développées. En se basant sur les principes de l'optique géométrique, des lentilles diélectriques hémisphériques étendues à taille réduite, ont été optimisées et associées aux sources élémentaires mentionnées précédemment. Deux maquettes d'antennes lentilles ont été réalisées. Le matériau retenu pour la conception des

Conclusion générale

lentilles est le Rexolite 1422. Nos mesures expérimentales ont permis de valider les concepts développés et les choix retenus pour optimiser la globalité des antennes conçues. Les performances obtenues montrent un comportement large bande et une amélioration sensible du gain. Les diagrammes de rayonnement affichent une directivité de quelques degrés dans les deux plans principaux. La taille réduite de ces antennes, leur faible coût et leur simplicité de fabrication les positionnent comment bons candidats pour les systèmes de télécommunication haut débit.

Dans le domaine millimétrique, les structures BIE représentent une technologie intéressante, en particulier pour les applications point à point et point à multipoint. Nous avons optimisé des antennes BIE périodiques multicouches éclairées par le même type de sources élémentaires (fente rayonnante) et ceci autour de la fréquence de 39 GHz. Les maquettes de ces antennes ont été réalisées selon plusieurs configurations. Le matériau utilisé pour former les cavités résonnantes est le TMM10. Les résultats des mesures expérimentales sont satisfaisants tant au niveau du gain que de la directivité. En revanche, la bande passante étroite peut représenter un inconvénient pour certaines applications. Pour surmonter cette limitation, une optimisation du rapport des permittivités des matériaux diélectriques utilisés dans la composition des structures BIE a été menée. Les performances obtenues ont confirmé l'élargissement de la bande passante et l'amélioration de l'efficacité de l'antenne optimisée.

La fente rayonnante alimentée par guide d'ondes développée au cours de nos travaux de thèse offre de nombreuses perspectives. En effet, celle-ci peut être associée à d'autres types de lentilles ou de structures de focalisation comme par exemple les lentilles reconfigurables. Le diagramme de rayonnement très ouvert de cette source spécialement dans le plan E, présente un sujet de développement intéressant. En fait, en rendant la fente rayonnante plus directive on peut améliorer les caractéristiques de rayonnement des antennes fente – lentille ou fente – BIE. Une des solutions proposées est d'utiliser un réseau de fentes alimenté par un répartiteur en guide.

Pour les structures BIE, l'approche basée sur le rapport des permittivités des matériaux diélectriques utilisés dans la composition de ces structures peut être développée. En effet, en utilisant des matériaux agiles en permittivité (cristal liquide par exemple), on peut obtenir des antennes BIE reconfigurables.

Annexe I
La théorie des ouvertures

Annexe I

Annexe I

La théorie des ouvertures

Une onde arrive sur une ouverture de surface A, découpée dans un plan Σ. On considère que le champ au point d'observation P résulte de la superposition des rayonnements élémentaires de chaque source à l'intérieur du contour C de l'ouverture (principe de HUYGENS).

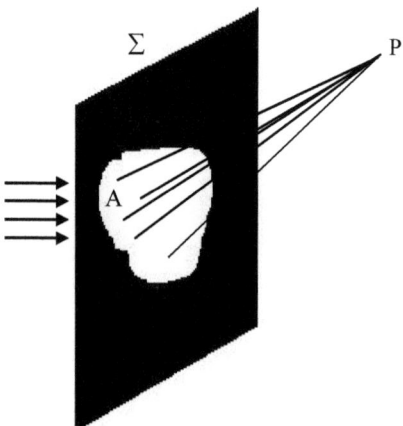

Figure 1 : *ouverture rayonnante*

Pour une ouverture dont la grande dimension est D, l'onde rayonnée est plane jusqu'à une distance de $D^2/2\lambda$ (zone de Rayleigh). Jusqu'à une distance de $2D^2/\lambda$, il y a une zone de transition (zone de Fresnel), dans laquelle l'onde est quasi-sphérique.

Au-delà de $2D^2/\lambda$, une onde sphérique se propage (zone de Fraunhoffer). Le diagramme de rayonnement est le même quelque soit la distance.

L'expression du champ électrique au point P situé dans une région angulaire au voisinage de l'axe du système et en zone de Fraunhoffer (zone de champ lointain) peut s'écrire :

$$E(P) = \frac{j(1+\cos\theta)}{2\lambda_0} \frac{e^{-jk_0 R}}{R} F(P) \left(\cos\varphi \boldsymbol{u}_\theta - \sin\varphi \boldsymbol{u}_\varphi \right)$$

Annexe I

$$F(P) = \iint_s E_M(x,y) e^{-jk_0 \vec{OM}.\vec{u}_r} dxdy$$

Où R, θ, φ sont les coordonnées sphériques du point P associé au repère ($\vec{u}_\theta, \vec{u}_\varphi, \vec{u}_r$) ayant pour origine le centre de l'ouverture ; k_0 est le vecteur d'onde.

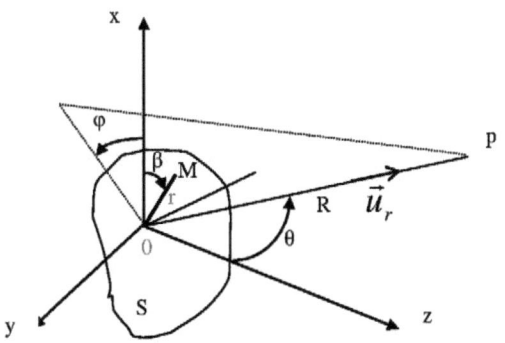

Figure 2 : Calcul du champ diffracté par une ouverture plane

Si la distribution E_M (x, y) peut se mettre sous la forme d'une fonction séparable en x et y, $F(P)$ correspond à la transformée de Fourier de cette distribution.

On peut alors définir l'antenne à fente comme une ouverture dans un plan de masse considéré infini, excitée par un champ électromagnétique où le champ E est la plupart du temps uniforme au niveau de la surface de la fente. Pour une fente rectangulaire, la longueur de la fente définit la fréquence de résonance et sa largeur joue sur l'adaptation et la bande passante de fonctionnement.

La théorie des ouvertures permet le calcul des champs rayonnés par une fente quelconque. Le calcul du champ lointain à partir du champ proche au niveau de la fente permet de définir les paramètres requis pour notre antenne. L'outil de simulation électromagnétique utilisé et présenté dans le chapitre II est basé sur cette méthode de calcul.

Annexe I

Etapes de calcul du champ rayonné :

- Identification des vecteurs champs électrique $\vec{E}$ et magnétique $\vec{H}$ au niveau de la surface de l'ouverture et E_1, H_1 au niveau du plan de masse.
- Calcul de la densité surfacique du courant électrique J et de la densité de courant magnétique équivalent M à partir des champs électromagnétiques sur la surface de la fente à travers les deux formules

$$J_s = n \wedge (H_1 - H)$$

$$M_s = -n \wedge (E_1 - E)$$

- Puis on calcule le vecteur potentiel magnétique A et le vecteur potentiel électrique F :

$$A = \frac{\mu}{4\pi} \iint_s J_s \frac{e^{-jkr}}{r} ds$$

$$F = \frac{\varepsilon}{4\pi} \iint_s M_s \frac{e^{-jkr}}{r} ds$$

- A partir des vecteurs potentiels, on réduit les composantes des champs électrique et magnétique rayonnés.

$$E = -j\omega A - j\frac{1}{\omega\mu\varepsilon}\sigma(\sigma.A) - \frac{1}{\varepsilon}\sigma \wedge F$$

$$H = -j\omega F - j\frac{1}{\omega\mu\varepsilon}\sigma(\sigma.F) + \frac{1}{\mu}\sigma \wedge A$$

Annexe II

Annexe II
Les techniques d'alimentations

Annexe II

Annexe II

Les techniques d'alimentations

1. Par sonde coaxiale

La connexion par câble coaxial est facile à fabriquer et à adapter (par contrôle de la position de la sonde). Le conducteur intérieur est lié au patch alors que le conducteur extérieur est lié au plan de masse. Le rayonnement parasite est faible mais la bande passante est étroite.

Cette technique est limitée à des fréquences inférieures à 18 GHz et ne conviennent pas aux antennes millimétriques.

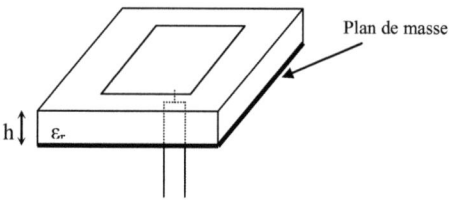

Figure 2 : Alimentation par sonde coaxiale

2. Par ligne microruban

La connexion directe par ligne microruban est également facile à fabriquer. L'adaptation peut être réalisée en contrôlant la position de l'alimentation. De plus, la modélisation de l'ensemble ne pose aucun problème particulier. Avec l'augmentation de l'épaisseur du substrat, les ondes de surface et le rayonnement parasite de la jonction et de la ligne microruban augmentent, ce qui limite les performances de l'antenne. La bande passante est, en général, à quelques pourcent.

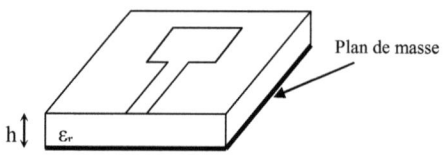

Figure 1 : Alimentation par ligne microruban

3. Couplage de proximité

Le couplage par proximité a une bande passante qui peut dépasser 10%. Il est plus facile à modéliser et donne un rayonnement parasite faible. Cependant, sa fabrication est un peu plus difficile. La longueur de la ligne d'alimentation et le rapport largeur sur longueur du patch sont les deux paramètres à optimiser pour obtenir les performances désirées.

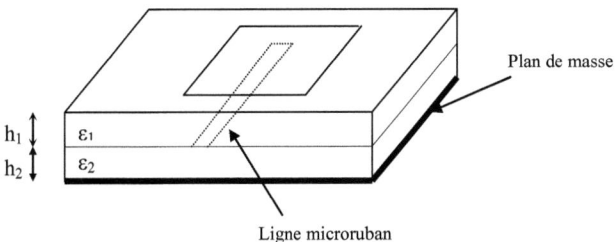

Figure 3 : Alimentation par couplage de proximité

4. Couplage par ouverture

Le couplage par ouverture nécessite des structures multicouches. Il permet de séparer, grâce au plan de masse, les fonctionnalités de rayonnement d'alimentation. Sur la surface inférieure du diélectrique inférieur (de permittivité élevée) est tracée la ligne microruban d'alimentation et sur le diélectrique supérieur (de permittivité faible) repose le patch rayonnant. Le plan de masse, entre ces deux diélectriques, isole l'alimentation du patch et minimise les interférences du rayonnement parasite. Typiquement, l'adaptation est réalisée en contrôlant la largeur de la ligne d'alimentation et la longueur de la fente.

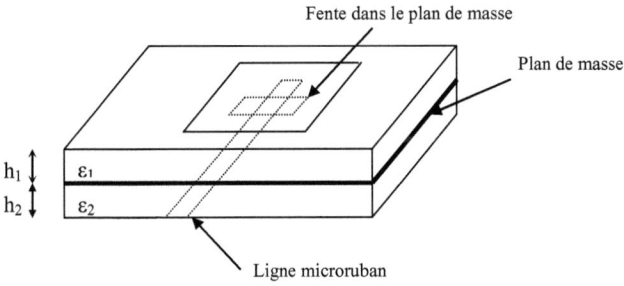

Figure 4 : Alimentation par couplage à travers une fente

Annexe III
Les guides d'ondes métalliques

Annexe III

Les guides d'ondes métalliques

Considérons un guide d'onde métallique, d'axe directeur Oz, dont les parois sont constituées d'un métal infiniment conducteur et rempli d'un matériau homogène et isotrope caractérisé par sa permittivité diélectrique ε et sa perméabilité magnétique μ. On s'intéressera dans cette partie au cas des guides sans pertes (ε et μ réels) et aux ondes ayant une dépendance sinusoïdale du temps, c'est à dire de la forme.

$$\mathbf{X} = \mathbf{X}(r).e^{i\omega t}$$

Dans la suite on ne fera pas apparaître explicitement la dépendance temporelle en $e^{i\omega t}$. Le problème à résoudre est de trouver des ondes susceptibles de se propager selon Oz, c'est-à-dire des ondes dont les champs sont solutions de l'équation de Helmholtz (espace libre) et satisfont aux conditions aux limites.

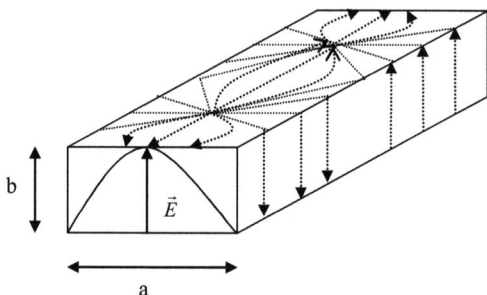

1. Equations de propagation

En l'absence de charges et de courants, les champs électriques et magnétiques satisfont à l'équation de Helmholtz.

$$\Delta \mathbf{E} + k^2 \mathbf{E} = 0$$
$$\Delta \mathbf{H} + k^2 \mathbf{H} = 0$$

avec :

$$k^2 = \omega^2 \varepsilon \mu$$

Annexe III

Les ondes planes, qui sont solutions en espace libre, ne peuvent être retenues car elles ne vérifieront pas les conditions aux limites sur les parois du guide. Pour trouver les solutions satisfaisantes, on peut séparer les parties transversale et longitudinale de l'opérateur en posant :

$$\Delta = \Delta_t + \frac{\partial^2}{\partial^2 z}$$

Avec Δ_t le Laplacien dans le plan transverse.

Les équations de Helmholtz deviennent alors :

$$\Delta_t \mathbf{E} + \frac{\partial^2 \mathbf{E}}{\partial^2 Z} + k^2 \mathbf{E} = 0$$

$$\Delta_t \mathbf{H} + \frac{\partial^2 \mathbf{H}}{\partial^2 Z} + k^2 \mathbf{H} = 0$$

Puis on sépare les parties transverses et longitudinales :

$$\Delta_t \mathbf{E} + (k^2 + \gamma^2)\mathbf{E} = 0$$

$$\Delta_t \mathbf{H} + (k^2 + \gamma^2)\mathbf{H} = 0$$

$$\frac{\partial^2 \mathbf{E}}{\partial^2 Z} - \gamma^2 \mathbf{E} = 0$$

$$\frac{\partial^2 \mathbf{H}}{\partial^2 Z} - \gamma^2 \mathbf{H} = 0$$

Les champs électrique et magnétique solutions sont alors de la forme :

$$\mathbf{E} = \mathbf{E}(x, y).e^{-\gamma z}$$

$$\mathbf{H} = \mathbf{H}(x, y).e^{-\gamma z}$$

$\gamma = \alpha + j\beta$: est la constante de propagation de l'onde.
α : L'atténuation et β : la constante de phase

2. Fréquence et longueur d'onde de coupure

Pour que les solutions précédentes correspondent à une propagation sans atténuation, la constante de propagation γ doit être imaginaire pure. En posant :

$$k_c^2 = k^2 + \gamma^2$$

La propagation ne peut donc avoir lieu dans le guide que si :

$$k^2 > k_c^2$$

Ou, si F et λ sont respectivement la fréquence et la longueur d'onde dans le diélectrique,

$$f > f_c \Leftrightarrow \lambda < \lambda_c$$

Avec :

$$f_c = \frac{k_c}{2\pi\sqrt{\varepsilon\mu}} \qquad \lambda_c = \frac{2\pi}{k_c}$$

Si la constante de propagation γ est réelle, le terme $e^{-\gamma z}$ traduit une décroissance exponentielle de l'amplitude des champs. L'onde est alors dite évanescente.

3. Mode TE du guide rectangulaire

D'après l'étude générale, le système à résoudre pour déterminer les modes TE possibles est :

$$\Delta_t H_z + k_c^2 H_z = 0 \quad \text{à l'intérieur du guide}$$
$$E_z = 0 \quad \text{sur les parois (condition de Dirichlet)}$$
$$\frac{\partial H_z}{\partial n} = 0 \quad \text{sur les parois (condition de Neumann)}$$

avec : $\quad k_c^2 = k^2 + \gamma^2$

Pour trouver les solutions, utilisons la méthode de séparation des variables en posant :

Annexe III

$$H_z(x,y) = X(x).Y(y)$$

En introduisant cette expression dans l'équation précédente, puis en divisant par $X(x).Y(y)$ elle devient :

$$X''(x).Y(y) + X(x).Y''(y) + k_c^2 X(x).Y(y) = 0$$

$X''(x)$ et $Y''(y)$ sont les dérivées secondes de $X(x)$ et $Y(y)$. En divisant l'équation par $X(x)\,Y(y)$, on aboutit alors à :

$$\frac{X''(x)}{X(x)} + \frac{Y''(y)}{Y(y)} + k_c^2 = 0$$

$X(x)$ et $Y(y)$ étant des fonctions de variables différentes, ceci implique :

$$[X''(x)/X(x)] = -k_x^2 \qquad [Y''(y)/Y(y)] = -k_y^2$$

$$\text{avec} \qquad k_x^2 + k_y^2 = k_c^2$$

Les solutions de ces équations sont de la forme :

$$X(x) = A_1 \cos k_x x + B_1 \sin k_x x \qquad Y(y) = A_2 \cos k_y y + B_2 \sin k_y y$$

Avec k_x^2 et k_y^2 positifs. L'hypothèse inverse (k_x^2 et $k_y^2 < 0$) ne permettrait pas de satisfaire aux conditions aux limites.

$$X'(x) = -A_1 k_x \sin k_x x + B_1 k_x \cos k_x x$$
$$Y'(y) = -A_2 k_y \sin k_y y + B_2 k_y \cos k_y y$$

En appliquant la condition de Neumann sur les parois du guide, on obtient:

$$X'(0) = X'(a) = 0 \qquad \text{et} \qquad Y'(0) = Y'(b) = 0$$

soit :

$$B_1 = B_2 = 0 \quad \Rightarrow \quad k_x a = n\pi \quad \text{et} \quad k_y b = m\pi \;(\,m\,,\,n\; \text{entiers positifs}\,)$$

La composante longitude du champ magnétique s'écrit par conséquent :

$$H_z(x,y) = H_0 \cos(\frac{n\pi}{a}x)\cos(\frac{m\pi}{b}y) \qquad (H_0 = cste)$$

Le mode est noté $TE_{n,m}$.

Le mode $TE_{n,m}$ ne peut se propager que pour des fréquences telles que :

$$k > k_c$$

où,
$$k_x^2 + k_y^2 = (\frac{n\pi}{a})^2 + (\frac{m\pi}{b})^2 = k_c^2$$

$$(\frac{n}{2a})^2 + (\frac{m}{2b})^2 = \frac{1}{\lambda_c^2}$$

$$(k_c = 2\pi/\lambda)$$

On appelle mode fondamental le mode ayant la fréquence de coupure la plus basse. Le couple de valeur ($m = n = 0$) ne peut être retenu puisque dans ce cas H_z est une constante ($H_z(x,y) = H_0$) et comme on a :

$$\mathbf{H}_t(k^2 - \gamma^2) = i\omega\varepsilon(gradE_z) \times e_z - i\gamma(gradH_z)$$
$$\mathbf{E}_t(k^2 - \gamma^2) = -i\omega\varepsilon(gradH_z) \times e_z - i\gamma(gradE_z)$$

Cela implique aussi :

$$\mathbf{E}_t = \mathbf{H}_t = 0$$

Le mode $TE_{n,m}$ fondamental est donc le mode $TE_{1,0}$ si ($a > b$) ou $TE_{0,1}$ si ($a < b$).

«Annexe III

Publications personnelles

Publications dans des revues internationales avec comité de lecture :

[1] R. ALKHATIB, E. MARZOLF, M. DRISSI
"*Waveguide–fed directive antennas based on focusing system for millimetre–wave applications*"
Microwave and Optical Technology Letters, Volume 48, Issue 8, Page(s): 1592–1594, 2006.

[2] R. ALKHATIB, M. DRISSI
"*Improvement of bandwidth and efficiency for directive superstrate EBG antenna*"
IEE Electronics Letters, 21 Juin 2007, Vol. 43, No. 13.

Publications dans des actes de congrès internationaux avec comité de lecture :

[3] R. ALKHATIB, M. DRISSI
"*Broadband low cost antennas for wireless applications*"
International Conference on Information and Communication Technologies (ICCTA' 2004), Damas, 19–23 Avril 2004 Page(s):245 – 246 (IEEE CNF).

[4] R. ALKHATIB, M. DRISSI
"*Broadband lens antenna for wireless communications*"
Antennas and Propagation Society International Symposium, 2004, Monterey, USA, IEEE. Vol. 1, Page(s):663 – 666, 20 – 25 Juin 2004.

[5] R. ALKHATIB, M. DRISSI
"*EBG antenna for microwave link applications*"
International Conference on Information and Communication Technologies (ICCTA' 2006), Damas, 24 – 28 April 2006, Vol.2 Page(s):2190 – 2194 (IEEE CNF).

[6] R. ALKHATIB, M. DRISSI
"*Enhancement of bandwidth for superstrate EBG antenna*"
The first European Conference on Antennas and Propagation (EuCAP 2006), 6 – 10 November 2006 – Nice, France.

Publications dans des actes de congrès nationaux avec comité de lecture :

[7] R. ALKHATIB, M. DRISSI
"Antennes millimétriques à large bande et à bas coût"
XIII ^{ème} Journées Nationales Microondes (JNM2003), 21– 23 Mai 2003 – Lille, France.

[8] R. ALKHATIB, M. DRISSI
"Antenne BIP pour liaison hertzienne dans la bande millimétrique"
XIII ^{ème} Journées Nationales Microondes (JNM2005), 11 – 13 Mai 2005 – Nantes, France.

Autres contributions :

[9] Participation à la rédaction du rapport d'activité du contrat FP6 – IST 508009
"Report on Activity in Passive Millimetre and Sub–Millimetre Wave Antennas"
Antenna Center of Exellence (ACE).

Résumé : Ces travaux de recherche portent sur la modélisation, la conception et la caractérisation d'antennes directives à bas coût pour des applications en bande millimétrique.

Nos travaux concernent, en premier lieu, la conception d'antennes large bande pour deux applications : Le LMDS (Local Multipoint Distribution Service) pour ses deux standards Européen et Américain et les systèmes de communications multimédia par une constellation de satellites en orbite basse. Nous avons pour cela hybridé des technologies volumiques (guide d'ondes) et des technologies planaires pour les éléments rayonnants. Plusieurs antennes élémentaires ont d'abord été optimisées et validées dans une très large bande de fréquences (K_a et K). Nous leur avons ensuite associé des structures de focalisation optimisées (lentilles diélectriques) pour l'accroissement de la directivité.

La seconde partie de nos travaux porte sur la technologie BIE (Bande Interdite Electromagnétique) où nous avons étudié plusieurs configurations d'antennes directives. Une optimisation des rapports des permittivités des matériaux diélectriques utilisés dans la composition des structures BIE a ensuite été menée afin d'accroître leurs bandes passantes. Une antenne pour liaison point à point à 39 GHz a alors été développée et validée par nos mesures expérimentales.

Mots clés : Antenne lentille, antenne large bande, bande millimétrique, antenne BIE, LMDS, systèmes de communications par satellites en orbite basse.

Abstract : This research work deals with the modeling, the design and the characterization of low cost directive antennas for millimeter–wave applications.

Firstly, our work concerns the design of broadband antennas for two applications: The LMDS (Local Multipoint Distribution Service) for its two standards (European and American), and the multimedia communication systems by low earth orbit satellite constellation. For that, we associate the voluminal technologies (waveguide) and the planar ones for the radiating elements. Several elementary broadband antennas were firstly optimized and realized in K_a and K bands. Focusing structures (dielectric lenses) are then added to the previous antennas to improve the directivity.

Secondly, our work concerns the EBG technology (Electromagnetic Band–Gap). We started with the realization of several configurations of directive antennas. The optimization of the dielectric material permittivity ratio of the EBG structure was then carried out in order to increase the operating frequency band. Thus, an antenna for point–to–point applications at 39 GHz was developed and validated by our experimental measurements.

Keywords: Lens antenna, broadband antenna, millimeter–wave band, EBG antenna, LMDS, low earth orbit telecommunication systems.

Oui, je veux morebooks!

I want morebooks!

Buy your books fast and straightforward online - at one of the world's fastest growing online book stores! Environmentally sound due to Print-on-Demand technologies.

Buy your books online at

www.get-morebooks.com

Achetez vos livres en ligne, vite et bien, sur l'une des librairies en ligne les plus performantes au monde!
En protégeant nos ressources et notre environnement grâce à l'impression à la demande.

La librairie en ligne pour acheter plus vite

www.morebooks.fr

OmniScriptum Marketing DEU GmbH
Heinrich-Böcking-Str. 6-8
D - 66121 Saarbrücken

Telefax: +49 681 93 81 567-9

info@omniscriptum.de
www.omniscriptum.de

Printed by Books on Demand GmbH, Norderstedt / Germany